将軍と
鍋島・柿右衛門

大橋 康二

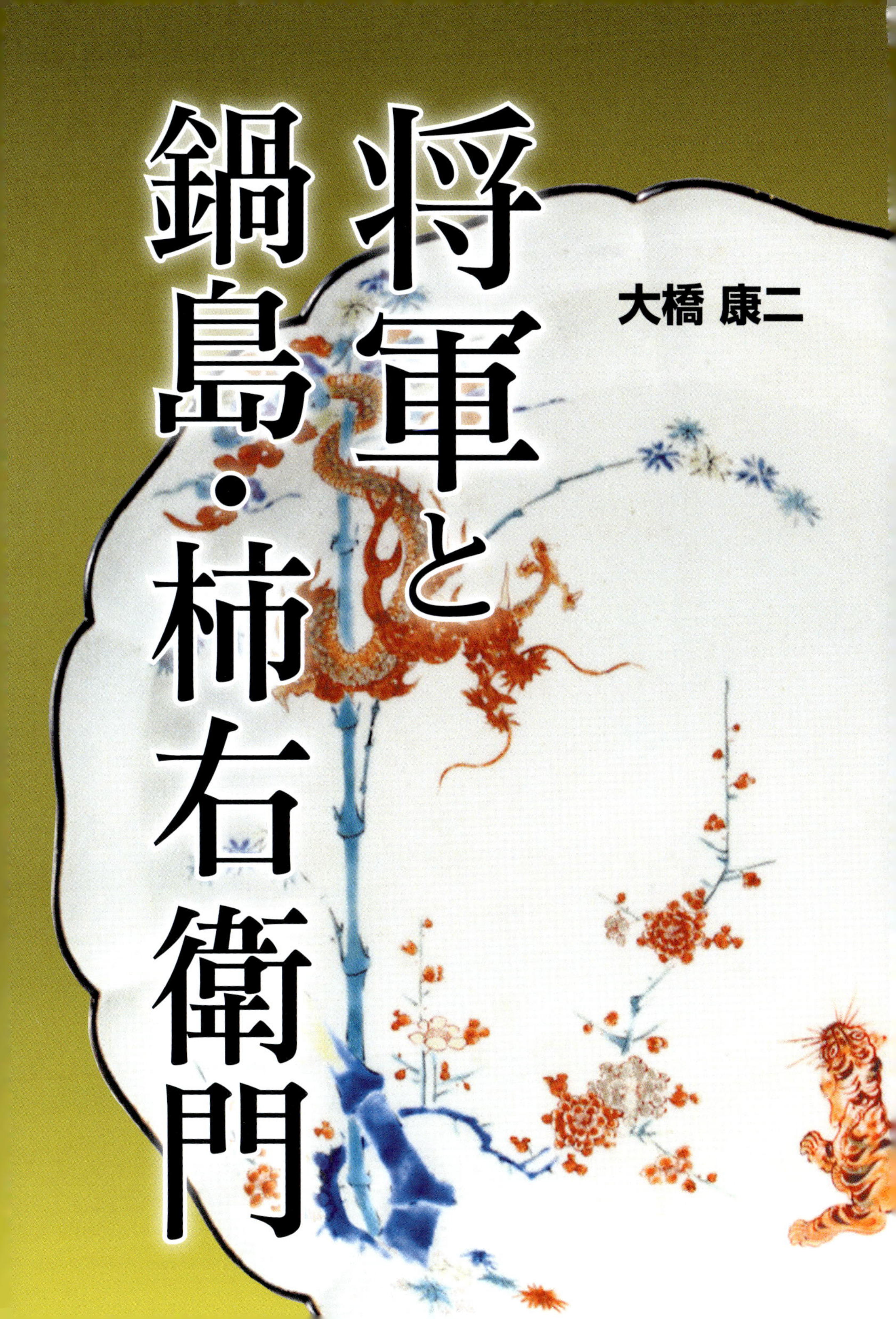

はじめに

「将軍」がキーワードで長くのどに引っかかっていた「鍋島の始まり」が解き明かせた。この二六年、多くの肥前磁器の問題解決をしてきたが、近年最大のひらめきであった。多くの問題解決の先にあったから今になったのは当然のことではあった。ひらめきの伏線としては多くのことがあった。鍋島勝茂伝来の品三種を鍋島報效会の藤口悦子氏からみせていただき気付いたこと。「植木鉢」などに絡み『徳川実紀』を調べたこと。荒川正明氏の『大皿の時代』に触発されて御成の実態を調べたこと。これらがあって鍋島の変遷の骨組みがみえてきたのである。江戸時代の将軍を頂点とする幕藩体制の中で、まさにその表象としての陶磁器が鍋島焼であることに気づくと、付随する多くのやきものの位置づけもできるようになった。梅干壺や「献上手古伊万里」といわれてきた姫皿、破魔弓皿などもその重要なものである。鍋島焼と民間の伊万里焼との関係もより明白になったし、ヨーロッパの王侯向けの代表、「柿右衛門」との関係もしかりである。

こうした日本磁器のうちでも、権力者が求める磁器であるからこそ、より政治・経済の動きを反映し、変遷を遂げるものである。文字史料による歴史とは違った、より物質的な人間の眼でたどれる歴史をこれらの陶磁器は示してくれる。

最後になったが、本書の出版に当たり、多くの方々にお世話になり、また一部の図版作成では中村康子さんにお世話になった。また編集の労をとられた編集部の久保敏明氏は執筆が当初の予定より大幅に遅れ、大変ご迷惑をおかけしたが、根気よく叱咤激励いただいた。記して深く感謝申し上げる次第である。

将軍と鍋島・柿右衛門【目次】

第五章　将軍にまつわる珍しい磁器

プロローグ

時代の要請と権力者の磁器

日本の磁器でもっとも昇華された双璧が、鍋島と柿右衛門である。鍋島が将軍のために作られた磁器であるのに対し、柿右衛門様式は欧州王侯の求めで出来たともいえる。つまり、鍋島は将軍献上を主目的とした日本人の美意識に基づくのに対し、柿右衛門様式は欧州王侯の求めで出来上がったために、ヨーロッパ人の美意識が強く反映されたものと考えられる。

もちろん、柿右衛門様式は民間窯で作られた、つまり商品生産の中で生まれたものであり、官窯的な鍋島藩窯で採算度外視で作り出された鍋島とはおのずと異なる。柿右衛門様式は欧州王侯の求めで優れた磁器を作り出したとはいえ、国内の大名、上流階層の求めにも応じたのであり、より多様なのである。器の種類も鍋島が将軍家の食膳具中心に作り、三寸・五寸・七寸・一尺の四サイズの皿と猪口を主とするのに対し、柿右衛門様式はより多様であり、壺・瓶・鉢なども多い。

このような、東西の最高権力者たちの求めで作られた傑作であり、民間の市場競争にもまれた磁器と、その技術をベースにしながら採算度外視で最高の磁器を作る使命感による磁器、すなわち日本磁器の最高峰は、どのようにして生まれたのか。それは陶工の努力だけではない。美術品として洗練され品格ある美として、用の美しさと鑑賞の美に酔いしれるものには終わらない。世界の歴史の動き、政治、経済、文化の動きの中で生まれ、そして盛衰があった。優れた陶工の出現と社会的ニーズがそろって、はじめて優れた陶磁器が生まれるの

1　色絵桜樹文皿（鍋島）

肥前・大川内鍋島藩窯　1700～30年代　口径20.2　高5.8　高台径11.0
佐賀県立九州陶磁文化館所蔵

鍋島焼は将軍家への献上を主目的に採算度外視で作られ始めた。鍋島藩窯で厳しい管理の下で作られ一般流通することはなかった。

2　色絵龍虎文輪花皿（柿右衛門様式）
肥前・有田窯（南川原山）　1670～90年代　口径23.6　高4.7　高台径14.3
佐賀県立九州陶磁文化館所蔵

有田民窯の最高の技術で1670年代頃に成立した柿右衛門様式はヨーロッパの王侯貴族に高く評価された。

である。それを解き明かしていこう。

前書き

日本で最初の磁器として江戸初期に誕生し、その後、中国磁器の輸出激減によって急速な発展を遂げた肥前磁器は、従来、優れた陶工が出現し、技術を開発するなどと、鍋島藩の窯場への保護奨励による変遷と捉えられてきた傾向が強い。しかし、実際は、競合する中国磁器の生産と輸出との関係や、国内経済、生活文化の変化などの外的要因の比重が高く、将軍家への献上を目的に生まれた鍋島の場合、徳川将軍家の動き、江戸幕府の政策に対応して変化したことの比重が大きいのである。そうした視点で、肥前磁器すなわち伊万里焼の歴史を見直してみよう。

肥前磁器の誕生

肥前磁器は豊臣秀吉の朝鮮出兵の際に鍋島軍によって連れて来られた朝鮮人陶工が西九州の肥前国有田（現佐賀県有田町）周辺で磁器原料の陶石を発見し磁器焼成に成功して始まる。一六一〇年代頃のことである。この日本初の磁器誕生も、豊臣秀吉の朝鮮出兵がなければかなわなかったことである。そして、秀吉時代頃に茶の湯が盛んになり、茶の湯で用いる陶磁器への関心が高まっていたことも九州の諸大名が朝鮮人陶工を連行してきた重要な前提であった。戦乱に明け暮れた武将たちの間で茶の湯が流行ったこと、そしてその指導的茶人千利休がわびさびの茶に導き、その中で高麗茶碗を珍重したことで、高麗茶碗を作り出した朝鮮半島への関心

3　鉄絵柳文向付

肥前　1590～1610年代　口径7.2　高16.5
佐賀県立九州陶磁文化館所蔵

肥前の陶器は唐津焼と呼ばれた。鉄顔料で絵文様を施したものは「絵唐津」とも呼ばれ、慶長（1596～1615）頃に多く作られた。

4　染付牛人物文水指

肥前・有田窯　1610～30年代　口径9.8　高16.9　高台径9.7

佐賀県立九州陶磁文化館所蔵

佐賀県有田辺で日本初の磁器が誕生した。早くから青い文様を釉下に施した染付中心に作られた。

を深めたともいえる。肥前の陶器すなわち唐津焼は秀吉の朝鮮出兵より早く一五八〇年代には佐賀県北部の北波多村（現唐津市）にある豪族波多氏の居城岸岳城周辺で始まった。これも朝鮮人陶工により開窯したことは技術的に明らかである。窯跡に残された窯構造や窯道具から知られるのであり、中世の日本の窯業技術とは異なる新たな窯業技術が朝鮮人陶工によってもたらされたのである。松浦党の有力豪族波多氏が朝鮮半島との間で倭寇としても活動していた結果であろうが、それが天正というのは、茶の湯の流行で朝鮮の高麗茶碗への評価が高まり、また経済力の向上で陶磁器需要も増大している空気の中で、陶工を連れてきて城下で焼かせるという発想が生まれたものと考えられる。そして、この岸岳周辺の陶器窯の製品は、秀吉時代に名護屋築城で全国の大名が動き、木材などの物資が築城のために運ばれるなどによる全国的海運の発達に伴い、日本海側は山形・秋田あたりまですでに運ばれたし、大坂あたりまで多いのはもちろんだが、神奈川県の小田原でも出土している。

この岸岳城周辺の肥前陶器窯は、波多氏が朝鮮出兵時に秀吉の不興をこうむり、改易され筑波山麓に流されると、保護者を失い、離散した。肥前では南の現伊万里市や武雄市を中心に陶器窯は広域に広がり、窯数は増大する。中世までのわが国の陶器窯に比べてはるかに大規模で量産向きの窯で陶器の碗・皿などが大量生産され、一気に全国流通を果たす。特に西日本から東日本日本海側に広く流通した。

こうした肥前陶器生産の拡大に関わるかもしれないが、慶長の役で鍋島軍によって多くの朝鮮人陶工が連れて来られた。この新たな朝鮮人陶工によって肥前陶器の技術に変化がみられるとともに、新たに磁器生産が始まる。磁器は通常の陶器とは異なり、白い石が原料であり、陶器が「土物」と呼ばれるのに対して「石物」とも呼ばれる。この原料の陶石と、磁器の製作技術がそろってはじめて磁器ができるのである。

5　染付玉取獅子文皿

中国・景徳鎮窯　16世紀　口径19.0　高3.8　高台径10.4

中国からの輸入磁器も16世紀には青磁に代って染付（青花）が主となる。日本にはこうした皿と碗が輸入された。

6　染付帆船文大皿（呉州手）

中国・漳州窯（明）　1590～1630年代　口径47.2　高10.0　底径20.0
佐賀県立九州陶磁文化館白雨コレクション

染付中心の時代となり、景徳鎮窯の染付より粗製（安価）の染付が16世紀後半頃から福建省南部の漳州地方で量産される。

日本は中世以来、中国磁器を最も高級な焼物としてさかんに輸入していた。中国磁器は一五世紀までは青磁と呼ぶ緑色ないし青色を帯びた釉薬を器面に施した磁器が主流であった。ところが一四世紀頃に画期的な磁器として江西省景徳鎮窯で生産されるようになった青花磁器、日本では染付と呼ばれる青い文様を筆で描いた磁器（図5）が一六世紀には主流となる。戦国大名などの上流階層は競ってこの中国の染付磁器を求めたものと考えられる。全国各地の城館跡などでこの中国磁器が豊富に出土することが裏付けている。

このように染付中心になると、景徳鎮の高価な染付磁器を買えない人々のために、より粗製で安価な染付（図6）を供給する磁器生産地として福建省南部の漳州窯が登場する。この両産地の磁器が一六世紀後半に続き江戸時代に入っても輸入され、わが国の磁器市場の中心的製品となる。

こうした中国磁器中心の中で、国産の肥前磁器すなわち伊万里焼が誕生し、少しずつ流通し始める。有田地方ではすでに慶長頃から陶器生産が行われ、いわゆる絵唐津の碗・皿などがさかんに焼かれていた。現有田町西部地域の原明、迎の原、小森谷、小溝、天神森、小物成、山辺田などの窯である（五ヶ所は図22）。これらは田畑・集落などもあった平地に隣接する山地斜面を利用して陶器の登り窯が築かれた。

この平地を扼する有田川の湾曲する地に中世有田氏の唐船城があり、また江戸時代になると鍋島藩は唐船城の有田川対岸に大木代官所を設置して、有田地域の支配を行った。大木の代官所は一八世紀後半に有田内山の白川に移転するまであった。

こうした陶器生産で活況を呈していた地域に、新たに磁器の技術をもった陶工を含む朝鮮人陶工集団が移ってきた。その中でももっとも有名なのが、朝鮮名三平（参平）つまり、日本名金ヶ江三兵衛を頭とする陶工集団である。金ヶ江三兵衛は鍋島軍に連れて来られ、はじめは鍋島家の旧主家筋である龍造寺家一族でのちに請役家老として重臣となる多久長門守安順に預けられた。多久での陶磁器生産活動を裏付ける遺跡として、唐人古場窯と多久高麗谷窯がある(注1)（図7）。唐人古場窯の発掘では、韓国の窯に近い構造の窯体が発見されている。しかし、この窯では陶器のみで磁器を焼いた形跡はなかった。唐人古場より西の多久高麗谷窯跡では窯体は発見されていないが、物原の出土品には陶器とともに試験的な色彩の濃い磁器が出土している(注2)。どこの原料を使ったのかはわからないが、多久にいた時にも磁器の試し焼きをしていたことが明らかになりつつある。染付も出土しており、朝鮮では白磁しか作っていなかった陶工と考えられるが、すでにこの段階から中国の呉須を入手し染付磁器を焼くことを目指していたものであろう。とすれば、こうした磁器の試焼は朝鮮の陶工の自主的行動というより、多久安順など中国の染付同様のものを作らせようとする有力者の関与があったと想像される。

金ヶ江三兵衛集団の動きは、記録などによって高麗谷からさらに西へと女山峠を越えて伊万里の藤川内へと移動したとみられてきた。藤川内地域でこの時代、すなわち一七世紀初頭に陶磁器を焼いていた窯は鞍ヶ壺、栗木谷・岳野、卒丁古場の四ヵ所確認でき（図22）、このうちの鞍ヶ壺窯では染付磁器が出土している。出土品からみて試し焼き程度の焼成であったと推測される。ここでも染付が焼かれている。

そこから有田の西部の小溝に入ったとされる。金ヶ江三兵衛の記録によると、有田皿山に移ったのが元和二年（一六一六）と推測され、多久より有田に移って来たのは金ヶ江三兵衛を頭とする一八人とある。

金ヶ江三兵衛が有田に入った最初の地は、三代橋あるいは小溝原との記録や「小溝山頭三兵衛」との伝えなどから、小溝窯で焼いたことが考えられる。実際、小溝窯は数基の窯体が発掘調査で確認されており、金ヶ江三兵衛が入る以前、鉄絵の唐津陶器などを焼いていた時代、すなわち一五九〇〜一六〇〇年代に、すでに陶器

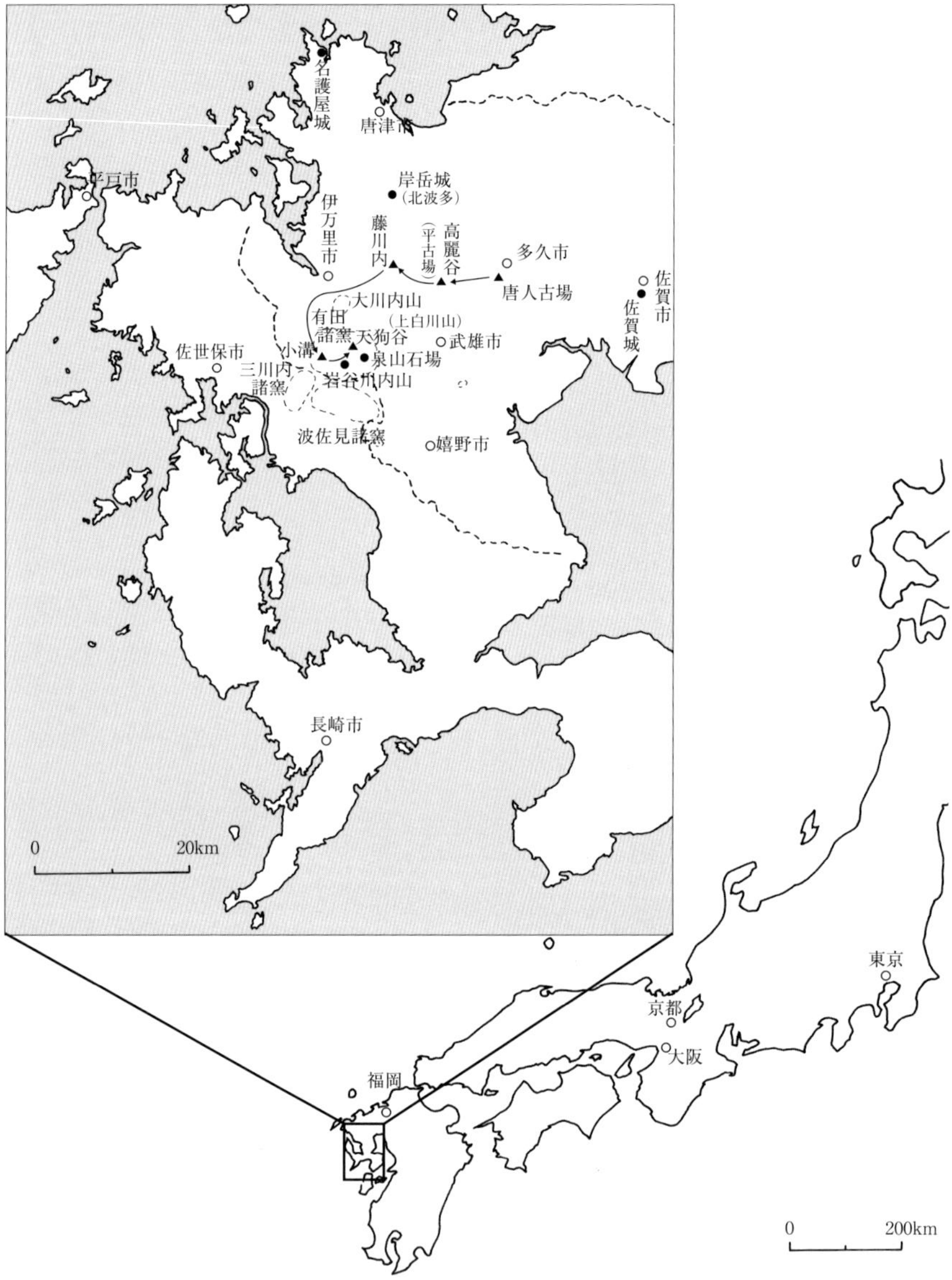

7　関連地図

←は金ヶ江三兵衛の有田への推定移動ルート

を焼き始めていたことが知られる。

そうした陶器窯は小溝窯だけでなく、有田地方の西部には七ヶ所くらいはあり、村里に隣接する山の斜面に登り窯が築かれ、碗・皿といった食器中心の生産がさかんに行われていた。そうした中に新たに加わった金ヶ江三兵衛集団らは、より高度な技術である磁器の技術をもち、周辺で取れる磁器原料を使って、磁器焼成の試験的製作に取り組んだものと思われる。小溝窯では多久や伊万里・藤川内に比べて多くの磁器原料を得られたのであろう。小溝窯跡では多量の磁器が出土しているからである。

日本初の磁器生産はこのようにして始まった。

将軍家献上の鍋島焼の誕生

鍋島焼は、鍋島藩が将軍家への献上や大名・公家らへの贈答などのため、採算を度外視して、特別誂えの磁器を作らせたものであり、日本の磁器でもっとも精巧なものである。この鍋島焼は佐賀・鍋島藩の御道具山で焼かれた磁器であるが、当時、その製品が何と呼ばれたかは明らかではない。江戸時代の肥前では陶磁器を作る窯場を農村の「村」に対して何々山と呼び、藩の御用品を焼かせた窯場を「御道具山」と称した。鍋島焼は藩内では「大河内焼」「大河内陶器」とかいわれて、窯場は基本的に有田皿山代官の支配下にあった。おそらく、近世の藩直営の藩窯といえる窯の中でもっとも組織が整い、生産量が多かった窯である。ちなみに、陶工などは三一人、生産数は年間五、〇三一個と幕末の記録にある。そうした大規模な藩窯はどのように始まったのだろうか。

肥前磁器生産は前述のように一六一〇年代頃に日本で最初の磁器として始まった。有田あたりで始まり、朝鮮の陶工ではあったが、早くから染付中心に作り始めた。なぜなら、朝鮮の陶工は母国では白磁中心に作り、染付（韓国では青華白磁という）は一六世紀にはほとんど作られていない。この理由は、朝鮮は儒教国であり、儒教では白を尊ぶからと説かれている。しかし、日本人は中国景徳鎮の染付を求めていたから、有田に来た朝鮮の陶工は中国磁器風の絵文様を描いた染付を作り始める。この草創期に藩の御道具山が置かれていた形跡はない。

そうした技術水準の製品がみられないことはもちろんだが、鍋島藩の記録にもそうした記述はないからである。では御道具山はいつ頃どのような理由で始まったのか。

その答えを見いだすためには、鍋島藩が鍋島焼を作らせた目的の第一が将軍家、幕閣への献上・贈答にあったことから、将軍を頂点とする幕府の動きをみる必要がある。以下、幕府の動きについては『徳川実紀』による。

第一章

江戸幕府政権安定に向けて　秀忠・家光時代

1　将軍家への献上品として唐物を調達

鍋島焼がなぜ生まれたかを考える場合、江戸時代の徳川将軍を頂点とする幕藩体制を理解する必要がある。幕藩体制とは、「将軍が全国の土地を所有し、大名・旗本や寺院・神社などに土地を領知として与え、その代わりに将軍に対する義務を課すことで国の支配を行う体制」である。「幕府や領知を与えられた大名たちはその地域を支配（領有）し、百姓や職人などから年貢米や労働力を納めさせ、これを財源としていた」(注3)。鍋島家も、そうした大名の一人であったから、対将軍外交が最優先されることであり、献上もその幕藩体制の中でシステム化されたことであった。

では鍋島家にとって対天皇・朝廷はどうであったか。天皇・朝廷も、「古代以来の伝統的な権威を保持しており、徳川政権は天皇・朝廷が独自の権力を持たないようにすることと、他の大名が直接天皇・朝廷と結びつかないように、幕府が朝廷との関係を独占できるように心を配った」(注4)。そうした幕府権力の確立を徳川家康は進めた。天皇の代替わりの決定権を掌握するとともに一六〇六年には武家の官位については将軍家の推挙のない武家（大名）の官位叙任を禁止して、武家が朝廷の権威を利用することを防いだのである。このことによって、徳川幕府は天皇・朝廷の権威や機能の独占を図ったという。よって、鍋島家は将軍から推挙されて天皇・朝廷から形式的に官位叙任を受けた時には献上・贈答を行ったが、それは随時の献上であり、義務的なものではなかった。

慶長五年（一六〇〇）の関ヶ原の戦いのあと、徳川家康は戦後処理として大規模な賞罰を断行し、大名の取

8　染付吹墨兎文皿

肥前・有田窯　1630～40年代　東京都八丈小島鳥打遺跡・宇津木遺跡出土
鳥打遺跡・宇津木遺跡発掘調査団蔵

9　色絵大皿（青手）

肥前・有田窯　1650年代　東京都八丈小島鳥打遺跡・宇津木遺跡出土
鳥打遺跡・宇津木遺跡発掘調査団蔵

内面は木の葉の文様などを表し、色絵具で塗り埋め、外面に唐草文が色絵で描かれた大皿であるが、すべて剥落して痕跡のみである。

り潰しや転封を行った。家康が没収した知行高は四一五万石（知行高を減じたものを加えると六二二万石）、廃絶した家数は八七（同九〇）にのぼる。これは全国の石高の約三分の一に当たり、代わりに徳川家の親藩、譜代大名が、畿内などに封じられた。親藩は家康以降の徳川一族の大名であるし、譜代大名は関ヶ原以前から家康に臣従していた大名であった。

多くの大名が取り潰された。石田三成、小西行長（肥後）らが処刑されたほか、例えば備前・岡山城主で秀吉の五大老の一人であった宇喜多秀家は、関ヶ原の戦いで西軍の中心になって戦い、敗れて後、薩摩に逃れた。加賀の前田家や島津氏らのとりなしで死罪を免れ、慶長八年駿河に幽閉され、慶長一一年（一六〇六）八丈島（東京都）に流罪となった。秀家の八丈島流罪を裏付けるものとして、現在、無人島となっている八丈小島で、中国磁器とともに肥前磁器（図8）多数が出土し、加えて肥前の初期色絵の青手様式大皿（図9）がみられた。それ以後、陶磁器の出土量は激減するとともに、高級磁器はなくなる(注5)。つまり、一六五五年に八丈島で死ぬ秀家の存命中だけ高級な初期伊万里や初期色絵がこの小島にもたらされた。実は秀家の妻は前田利家の娘であったことから、加賀藩前田家が仕送りをした結果と考えられる。

鍋島家は関ヶ原の戦いでは直茂、勝茂父子が東軍の徳川方と西軍の豊臣方に分れた。これも当時の微妙な政治情勢の中で家の生き残りをかけた苦渋の選択であったと考えられている。秀吉没後に直茂は早くから徳川家康に従う方向で動き出していた。そして、家康の命で九州筋を守るため帰国した。しかし勝茂は家康に従って、会津征伐に出発したが、西軍に止められ、豊臣恩顧の臣として西国大名との付き合いの中、西軍の一員として動くことになった。

関ヶ原の戦いで西軍が敗れた結果、勝茂は危機に陥った。同じく西軍で敗れた薩摩の島津氏は和泉堺に撤退し、大坂の屋敷にいた勝茂に使者を送って、船で帰国するが一緒に来るよう誘ってきた。しかし勝茂は大坂に留まることを決め、家康に検使を求め、切腹を覚悟したという。しかし、父直茂の忠誠などから赦され、その代わりに筑後・柳川の立花宗茂を討つことを命じられて帰国した。徳川家康が上記の理由と条件で勝茂をつぶさなかったのは、西国、特に九州には島津、毛利、立花など豊臣方の勢力が根強く残っていたために、鍋島家に恩を与えて、九州の制圧に利用しようとしたと考えられている。

慶長五年（一六〇〇）一〇月、柳川城を落とすと、次は島津征討に参戦し、肥後まで軍を進めた。これによって一六〇一年春、直茂に肥前三五万七千余石を安堵する朱印状が家康より下された。早速、勝茂の弟忠茂を人質として江戸の秀忠に差し出した。

江戸時代の諸大名の重要なシステムとして参勤交代がある。寛永一二年（一六三五）に原則として四月に交代する隔年参勤の制度が「武家諸法度」の中に成文化され、大名、小名に江戸と国元（領知）を一年おきに往復させた。この江戸参勤を早くに率先して行ったのも鍋島勝茂であり、慶長六年に江戸に参府している。こうして徳川氏は諸大名に江戸の邸地を与え、だんだん大名屋敷が江戸に築造されていった。九州で最後まで参勤しなかった島津氏も慶長七年（一六〇二）一二月、上洛して徳川家康の全国統一が成ったのである。

慶長八年（一六〇三）二月に伏見在城の徳川家康に対し、征夷大将軍宣下があった。徳川幕府の創設である。これによって徳川氏が公儀を掌握して、全国の諸大名を統制下におく法的根拠が与えられた。この結果、諸大名は江戸幕府の将軍のもとへ参勤するようになった。この年、大坂城の豊臣秀頼と秀忠の娘千姫との婚儀が行われた。秀頼の婚儀の際、進物がおびただしく、銀子計六、七百枚ほどを進上し、そのほか御服七、八〇入りのことであった。一ヵ国取りの大名は八〇貫目ほどの入具をするということであると勝茂は国許に伝えた

（『佐賀県史料集成古文書編一一』）。さらに帰国のための大坂出発を家康が江戸に下向する日まで延ばし、その後に大坂を出船した。また慶長九年、家康が江戸を発って上洛する際にも、東海道石部宿で出迎えて拝謁するなど家康に対して気を遣う。

将軍家康は慶長一〇年（一六〇五）五月に将軍職を秀忠に譲る。この時、勝茂は家康に随従して上京、その弟忠茂も秀忠に従っている。この将軍宣下の際、家康は大坂の豊臣秀頼にも上洛を催促し、豊臣氏の徳川将軍に対する臣従化を企図したが拒絶にあい失敗。そのため、家康は豊臣系大名の勢力削減のための種々の方策を講じる。この慶長一〇年頃にはまだ、政治の中心は江戸に移らず、京都であった。家康は、上洛し、政治を行い、諸大名も、家康の上洛のたびに京都へ馳せ参じて拝謁した。

その一つでもあろうが、慶長八年に勝茂の前室が亡くなり、家康の縁族の端になりたいと願った結果、伏見の鍋島屋敷で勝茂が家康の養女於茶茶（当時は下総山崎の岡部内膳正長盛娘）を継室に迎えて慶長一〇年五月一八日に婚礼が行われた。長盛の妻は家康の弟松平康元の娘であったから家康の姪に当たる。岡部家とはその後も長い付き合いがうかがわれ、岡部長盛が元和七年（一六二一）、丹波福知山城主となってのち、寛永元年（一六二四）の間とみられる岡部長盛の書状に茶の上林家をめぐり、茶壺のことが記される。この中に鍋島勝茂の壺とともに上杉殿の壺と記されている。寛永元年には勝茂の娘が出羽国米沢藩主上杉定勝に嫁ぐのであり、こうした接点から婚姻などに発展したことがうかがわれる。岡部家のことは鹿島鍋島家の『鹿島藩日記』元禄一〇年（一六九七）正月二四日に岸和田城主岡部内膳正長敬から招かれていることなど、長く付き合いが続く。

幕府は慶長九年六月には、江戸城普請計画を発表して西国の諸大名らに石船の調達を命じ、準備が出来た慶長一一年（一六〇六）城普請の名手藤堂高虎が縄張りを行い、池田輝政・福島正則などが普請役となって工事が始まった。鍋島勝茂は徳川家康との関係修復のために、江戸城の修築にも積極的に力を尽くした。同一一年に江戸城石垣の普請手伝いが諸大名に命じられ、三月から本格的に普請に入り、鍋島家は虎ノ門の普請を担当した。同年五月二五日には、江戸城の石垣の石を運ぶため、伊豆より運ぶ石を積み乗せた鍋島勝茂船一二〇艘、加藤嘉明の船四六艘、黒田長政の船三〇艘などが暴風雨のため転覆し破損した。鍋島がもっとも被害甚大であった。それでも五月中に江戸城の石垣溝渠が出来上がった。

その後も、鍋島藩は慶長一三年の駿府城の普請、同一四、五年の尾張徳川家の名古屋城の普請を手伝い、藩財政には大きな痛手をこうむった。このような諸大名に対するたびたびの課役強制は西国大名などにかなり反発の空気があった。この頃、九州、中国、四国の大名も各自の城普請を行い、鍋島藩も一三年には本格的な佐賀城の惣普請を行った。こうした大名の城普請に対して家康は好ましくないと制し、広島城主福島正則の新城築造に対しては破却させるという強硬な態度で臨んだ。

慶長一四年（一六〇九）正月の儀礼は、これまで通り諸大名が「駿府・江戸へ出仕」して行われた。この年一〇月、中国・西国・北国の大名に一二月に来て、江戸で越年をすることを命じ、江戸への参勤交代を豊臣系大名に強制することになった。さらに将軍家は、西国大名の大船没収を行い、同年以降、西南大名の朱印船派遣に制限を加えるなど、前述の大名居城の新造禁止、手伝い普請などとともに西国大名など豊臣系大名の力をそぎ、徳川幕府が公儀権力として確立する上での大名統制策をとった。

慶長一六年（一六一一）三月、家康・秀忠が上洛すると、全国の諸大名が馳せ参じ、三月二八日には大坂城の豊臣秀頼を上洛させて二条城で謁見した。これによって、従来の豊臣、徳川両政権の関係を主従関係とした。

その上で、大坂方の一万石以上の大名に対し、一年交代で駿府に在勤するように命じ、さらに内裏造営の手伝い普請を鍋島勝茂を含む諸大名に賦課した。翌月には在京中の豊臣系諸大名に三ヶ条の法度を示して、幕府による大名支配権の徹底化を進めた。この年六月に豊臣系大名の有力者加藤清正（肥後）が病没した。

勝茂は慶長一九年（一六一四）夏、江戸で家康の腹心本多正信に面謁し、関ヶ原の戦いでは「所存に任せざる次第を許されて、本領安堵をうけたのは新恩頂戴同前であるなどと感謝し」(注6)、妻子を江戸へ引越しさせ忠誠を表したいと相談した。

この慶長一九年一〇月に大坂出陣の命が関東・奥羽の諸大名に下され、江戸城普請で江戸にいた関西の諸大名に対しては暇を出し、早急に帰国し命令を待って大坂に出陣するように命じられた。しかし勝茂は願い出て大坂への軍陣の供を許されたという。さらにこの頃大坂方から勝茂に勧誘の書状が届いたが、勝茂は密封のまま差し出して、徳川将軍への忠誠を賞された。一二月下旬大坂城の豊臣方との和睦が成立したので、上洛し、家康に祝儀を述べ、翌二〇年（元和元・一六一五）正月に帰国した。

元和元年、和議が破れて大坂夏の陣がおこると、九州の諸大名のうち島津氏の出陣を差し止め、鍋島勝茂のみ出陣を命じられたが、五月に大坂城が落ちて終わった。勝茂は落城には間に合わなかったが、直ちに上京し二条城で将軍秀忠に拝謁した。九州の諸大名のうちで一人出陣を命じられたのは、前年の勝茂の忠誠が認められたためと考えられている。

大坂落城で豊臣氏をつぶしたことにより、徳川氏と諸大名の権力構造が確立したといえる。以後、幕府は天下の公法にもとづき、諸大名に対して自在な改易転封の処置を行うことが可能になったといえる。

そのため、元和元年閏六月、幕府は「一国一城令」を発布して、諸大名の本城を除くすべての支城を破却させた。さらに将軍、大小名、家臣間の主従関係を法制化した「武家諸法度」、朝廷以下の公家勢力に対する統制を規定した「禁中并公家諸法度」、「寺社法度」などを制定した。

ここで重要なのは、「武家諸法度」の制定まで、京都の「伏見城が公儀の城として機能し、家康・秀忠らによる諸大名謁見の公式の場であったこと」(注7)であり、以降は江戸のみに一本化されたのである。鍋島勝茂の参勤も江戸だけとなる。

翌元和二年四月、家康が病没した。家康が秀忠に言い遺した「参勤を怠る者は一門世臣たりとも直ちに兵を発して誅戮せよ」(注8)は、幕藩体制の維持にとって、参勤交代制がいかに重要視されていたかを物語る。全国諸大名の江戸参勤は以後、幕府の命で原則として東、西の大名に分けて参府する傾向があった。

参勤の際には、江戸で幕府老中らを饗応することも、すでに元和六年閏一二月にみられる。また元和一〇年（寛永元・一六二四）正月には勝茂の娘お市と上杉定勝との婚儀があり、勝茂は秀忠、家光に御礼言上している。

寛永一二年（一六三五）六月、江戸幕府は「武家諸法度」を発布し、この中に参勤交代が規定されている。翌一三年五月に勝茂も島津氏ら三五人とともに暇を給う（帰国）。

翌一四年三月に江戸に参府のため出発したが病気で遅延の危険があり、あらかじめ老中に連絡した。参勤交代の着府届出などの形式はまだ確定していない時期でもあったし、将軍拝謁が終わるまでは勝手に外出などは不謹慎として藩邸で忍んでいたという。これも、まだ参勤交代制度が出来上がっていなかったからであるが、他の九州の参着した大名たちも将軍に御目見えまで忍んでいるので、自分も同じにすると述べている。

徳川幕府は、大大名である徳川家康や前田利家を権力の中枢にすえた豊臣政権とは異なり、徳川幕府の権力は外様大名の力を政治中枢から除いたことによって、飛躍的に安定したものになったという。そのため、外様大名は参府の時期なども内々に土井利勝らの幕閣要人の指示を仰ぎそれに従ったのである。

つまり、将軍の信頼を得ている幕閣要人との付き合いが大切となる。鍋島勝茂が、後述するように慶長一五年(一六一〇)頃から大御所家康、将軍秀忠、阿茶局(家康の側室)とともに、幕閣要人である本多正信・正純父子、大久保忠隣、その他五、六人へも贈遣するという考え方が生まれたのも、こうした徳川幕府の体質にもとづくのである。寛永一二年諸大名から幕府に何かを願い出るときは、土井利勝、酒井忠勝、松平信綱ら五人が一ヵ月交代で受け付けるという老中月番制が始まった。しかし、それでもなお大名は懇意にしていた年寄に行動の助言を受けるという慣行にあまり変化はなかった。

この時は将軍家光が病のためすべての御目見えが延引していた。家光は鬱病だったという。(注9)弟の駿河大納言忠長を寛永一〇年一二月に切腹させたことなどが、大きなショックになったとみえ、寛永一〇年から二年間ほど引き籠ったりし、寛永一四年(一六三七)にはそれが劇的に現れた。神経質な性格で、何か気に入らないことがあるとどのような処分があるかわからず、諸大名は余計に忍んで自らの行動を慎まねばならなかった。

幕閣はそうした将軍の病をひた隠しにした。側近たちは家光の気分転換に、猿楽、能狂言、弓術、馬術、あるいは鷹狩りなどさまざまなことを催した。講談の「寛永三馬術」などもこうした事実をもとに生まれた。秀忠が没し、家光が親政を始めると、秀忠時代まで多かった外様大名の屋敷への御成などよりも、私的な生活が中心になるのも、こうした家光の気分障害と関係があろう。

寛永一四年九月一九日に家光が江戸城本丸へ移った際の祝儀にも諸大名とともに勝茂も登城したが、家光の病気でまだ御目見えはない状態が続いた。不安であったが、同じ頃、勝茂は将軍の寵臣であり、かつ息男忠直(寛永一二年死去)の舅、松平(奥平)忠明の依頼で、「手前躍子之者」を西ノ丸で上覧に供した。家光はこの佐賀の踊りをとても喜んだということを伝え聞いて安堵した(『佐賀県史料集成古文書編八』)。

佐賀の子供による踊りを喜んだという点も、家光が能とともに慶長期に京都で流行した歌舞伎踊り風の踊りも好んだということから理解できる。寛永一四年四月にも、気分転換のため連日のように能を見物し、その後は風流踊りが催された。

寛永一五年二月一八日、家光は鷹狩りの帰途、加賀前田家の本郷屋敷を訪れた。前田利常は年若い児小姓に風流踊りを習わせていた。児小姓とは元服前の少年であり、この児小姓による風流踊りを家光に見せた。家光は衆道好みといわれ、美少年の風流踊りには大変喜んだという(注10)。その後も、寛永一八年頃にかけて、たびたび、利常の児小姓の踊りを望んだ。

島原の乱における佐賀藩の危機

寛永一四年（一六三七）一〇月に島原・天草の乱が起きた。幕府のキリシタン禁教政策への不満と島原藩主松倉氏の圧政に対する不満が重なり爆発したものである。しかし、これに九州の農民層から参加するものが少なからず、特に佐賀藩領の農民が多く参加したとみられたことから、鍋島藩は幕府や松倉氏についで衝撃を受けた。それに加えて関ヶ原の戦いでの西軍加担の負い目があり、九州諸大名の中でもっとも積極的に鎮圧に協力態勢をとった。ところがこれが思いもよらぬ危機を招くことになる。

有馬氏の旧城である原城に立て籠もった一揆勢に対して、幕府は上使板倉重昌、石谷貞清を派遣、松倉勝家にも帰国して鎮定するように命じた。また松倉氏のみで鎮定できない場合は佐賀、熊本両藩を応援させることとし、九州諸大名は領国に下ることになった。佐賀藩は勝茂の子鍋島直澄（蓮池）と元茂（小城）の指揮のもと、総計三万四千余人を動員した。これは軍役動員の定数をはるかに超えており、幕府には二万五三〇〇人と少なめに報告している。

板倉重昌の総指揮の下、鍋島、有馬、板倉、立花らの軍勢は原城を攻撃したが、失敗。翌一五年正月元日、板倉重昌は戦死した。新上使として老中松平信綱と戸田氏鉄（大垣城主）が派遣され、持久戦をとったが、幕府は権威の失墜を恐れ、正月一二日、在府中の鍋島勝茂、細川忠利、黒田忠之、有馬豊氏、立花宗茂らに暇を許し下国させ、これら九州諸大名を総動員して原城の攻略を図った。

勝茂は直ちに江戸を出発し、陸路大坂にたどり着いたが、幕府は大坂で細川、黒田氏には早船を渡付したにもかかわらず、鍋島氏の早船申請には何の返事もせず、早船を渡さなかったという。(注11) それは勝茂の子の直澄、元茂らが島原に出陣していながら、原城を落とせないでいることに対するマイナス評価からで、このため勝茂は嫁の父の松平忠明の船を借りて下国した。勝茂にとって、なんとしても島原で戦功を立てる覚悟があったと推測されている。(注12) それが原城攻略での一番乗りにつながるわけである。

原城の攻略は、水野勝成の到着を待ち、二月二四日の軍議で総攻撃を決定したが、一度は延期し、二七日に攻撃を翌日とすると軍議がまとまったが、鍋島軍が抜け駆けし、翌二八日の原城本丸攻略で鍋島勢が一番乗りを果たした。目覚しい軍功を上げたのだが、上使の法令を破り、抜け駆けをしたことに上使の老中松平信綱が怒っており、六月四日、江戸に召還された。江戸の風説で、領国を召し上げられ、遠島に処せられるなどの噂が立ち、江戸にいた鍋島の老臣たちを含め、藩の一大危機に陥っていた。江戸城での勝茂の口上書では若い者たちが考えもなく乗り込んだが、これは計画的に行ったものではないと弁明している。もちろん勝茂の本心ではないが、この危機を切り抜けるための弁論であったし、結果として、勝茂は出仕停止、江戸桜田屋敷での逼塞を命じられたのである。改易にならなかったのは島原の乱での鍋島軍の功績に対する評価などがあったが、寛永一五年（一六三八）一二月の赦免までの間は、鍋島藩にとって、関ヶ原の戦い後に次ぐ危機感があったと思われる。

関ヶ原の戦いと島原の乱の両度の存亡の危機を切り抜けた勝茂が対将軍外交に気を遣ったのはいうまでもない。将軍家をめぐる前田家、上杉家との婚姻などの女の外交も重要であった。献上品にもことのほか気を遣った。そうした中、一六四四年に鍋島家ならではの重要な献上品であった中国磁器が輸入されなくなったのである。それぞれ国焼など陶磁器の献上ができる藩は国焼の献上にも力を入れた。しかし献上陶器も将軍家から認められなければそれまでであった。

最初こそ、我こそはと気に入られるような献上品を調え差上げた。鍋島勝茂が何を献上したらよいかを筑前・黒田家に相談したようにである。そこで認められれば常例化していったものと考えられる。記録によって、鍋島家も一八世紀には毎月の献上を含め、年間の献上がシステム化していることがわかる。しかし、そうなるまでにはかなりの有為転変があったろうし、いつそうなったかは明らかでない。江戸後期の平戸藩主松浦静山著『甲子夜話』に「昔トテモ権勢ノ人ヘハ贈遣モアレド、近来ノ如キ鄙劣ナルコトハ無キコトナリ、今姫路ノ酒井家、モト前橋ヲ領シテ、大老勤ラレシトキ、仙台ヨリ大筒二十挺贈リシ（中略）ソノ時鍋島家ヨリハ、伊万里焼ノ鱠皿、焼物皿、菓子皿、猪口、小皿等、凡膳具ニ陶器ニテ用ユベキ程ノ物ヲ、千人前ニシテ送リシトナリ、只今尋常ノ客ニ掛合ノ膳ヲ供スル時、ヤハリソノ陶器ヲ用ユ、多クハ敗損セシガ三ケ一ハ尚残レリトナリ」とあり、酒井忠清が大老の時（一六六六〜八〇年）、伊達騒動で揺れた仙台・伊達家から大筒二〇挺が贈遣され、鍋島家よりは伊万里焼の皿四種と猪口の五品の食膳具を千人前贈遣したといい、多くは破損したが三分の一位は伝存しているとある。江戸中期の将軍家献上五品の考え方の萌芽が下馬将軍と称される程の権力を振

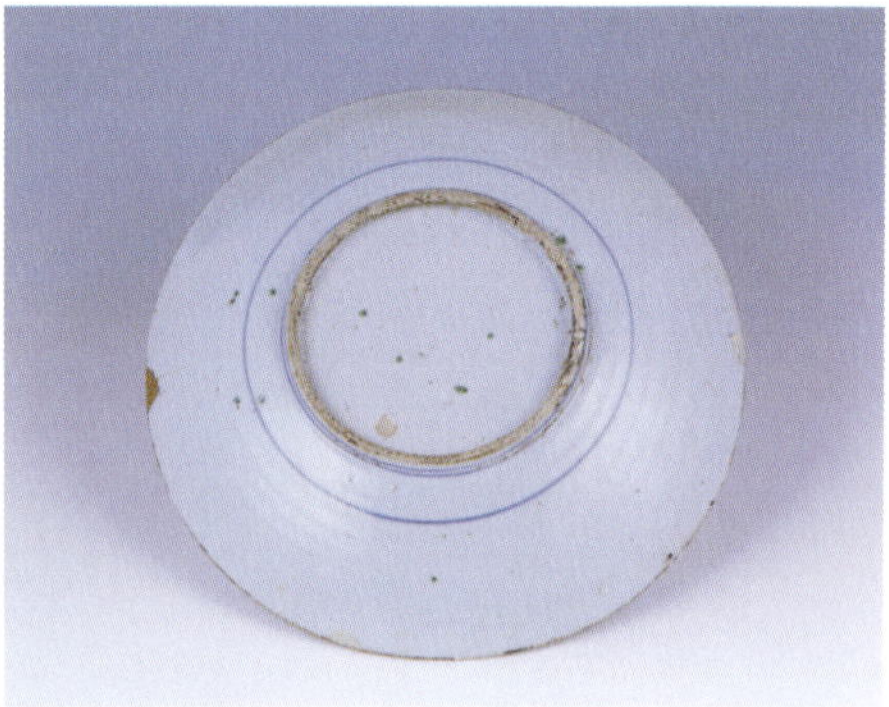

10　色絵指日昇高文皿

中国・景徳鎮窯　1610～30年代　口径28.8　高4.9　底径13.5
佐賀県立九州陶磁文化館所蔵

こうした色絵は天啓赤絵と呼ばれ、主に日本向けに作られた。

った酒井忠清時代には生まれていたのではなかろうか。皿の呼称は当時のものでなく『甲子夜話』が書かれた江戸後期のものの可能性がある。伊万里焼とあるが、この時期には大川内鍋島藩窯に移窯して鍋島焼生産がさかんになっていったと考えられるから、これも有田民窯の製品でなく、鍋島焼であろう。一七世紀の中で徐々に固まっていったことが想像される。その経緯を検証してみよう。

将軍家献上

尾張・名古屋城の普請が出来次第、帰国をするようにとの許可が出たので、江戸（将軍秀忠）と駿府（大御所徳川家康）へ帰国報告の使者を派遣する際の進物のことを、普請手伝いの相役である筑前・黒田長政に相談した。

その経緯をみてみると、鍋島勝茂は関ヶ原の戦いで敗れた西軍荷担の負い目を抱き、家康との関係修復に苦慮し、その重要な方策として、国元の家老鍋島生三（道虎）に命じて、たびたび長崎に渡来する唐船から珍しい唐物を買わせた。慶長九年（一六〇四）頃には、命じていた包丁三〇個、茶碗二〇個、天目一六〇個が確かに江戸に届いたが、残りの分も調え次第、追々に送るようにとし、毎年の公儀への進上品の調料は七五〇〇石であった（『佐賀県史料集成』）。

そして慶長一五年（一六一〇）頃の勝茂の書状には、八月二六日、将軍家に対して北絹、皿、茶碗の類の進上を積極的に行おうと考えるので、調進するようにと命じた。江戸（将軍秀忠）、駿府（大御所家康）へ使者を派遣するが、進物について勝茂が福岡藩主黒田長政に相談したところ、黒田長政は若松（北九州市）に唐船が着岸したので白砂糖を千斤でも二千斤でも進上できるという。われらも唐船物を進上したいので、深堀（長崎

11　染付雲鶴群馬文輪花皿
中国・景徳鎮窯　明　1610～30年代　口径22.0　高4.2　底径11.5
佐賀県立九州陶磁文化館　白雨コレクション

こうした染付は古染付と呼ばれ、日本向けに作られた。

市）の唐船の皿、茶碗、北絹、その他、容易に進物になる物があれば今年の唐船物を進上しようと思うから見つくろって、家康、秀忠、阿茶の局（家康の側室で、大奥を統制すると共に大坂冬の陣和睦の使者をも務めた）、本多正信・正純父子、大久保忠隣、その他五、六人へも贈遣する物を取りそろえて、翌月二〇日前後に着くように急ぎ送るようにと国元の家老鍋島生三に命じたのである（『佐賀県史料集成古文書編一一』）。中国の皿・茶碗で将軍や幕閣に献上する物となれば、景徳鎮窯で焼かれた磁器の可能性が高いであろう。

また、献上先が家康、秀忠、阿茶の局、本多正信・正純父子、大久保忠隣、その他五、六人とあるが、元和二年頃、勝茂が上府し、翌日に本多正信のとりなしで江戸城に登城し、将軍秀忠に御目見えした。そのときの進物は公方様へ太刀一腰・馬代銀子三百枚・大巻物一〇端・しゅちん（繻珍）二〇端、若君様へ太刀一腰・馬代銀子五〇枚・ひわんす一〇端を差上げた。また御台様（お江与）へも銀子五〇枚・紅糸二〇斤、お局（春日か）へもしゅちん二端を差し上げた。満足な御目見えであったことが記される。

将軍、後継、及び幕閣に贈遣するという一八世紀の記録で詳細が明らかな鍋島焼の贈遣先の考え方は、この時すでに出来上がっていたと考えられる。

このように長崎に来る中国船から珍しい唐物を買うだけでなく、積極的に注文することもあったらしいことは、慶長一九年（一六一四）六月二七日の書状に、前々年、唐へ誂えた物が今度来るだろうから尋ねて急ぎ受け取っておくようにと命じていることからわかる（『佐賀県史料集成』）。この注文品が陶磁器かどうかはわからない。しかし、明の天啓（一六二一〜二七）頃に日本の茶人の注文による「古染付」と呼ばれる磁器（図11・14）が作られたことも、明を攻めようとした秀吉時代には考えられないことであったが、友好関係を取り戻した家康時代になって、中国への注文品を求めることが活発化したのであろう。それに鍋島家が重要な役割を担って

12　染付蕉葉文碗

中国・景徳鎮窯　16世紀前半〜中葉　口径12.5　高6.0　高台径4.6

日本にはこうした碗が多量に輸入された。

いたことが推測できる。中国への注文は、薩摩の島津家も寛永四年（一六二七）、将軍の御成に対応するための道具を中国に誂えている（『鹿児島県史料旧記雑録後編五』）ように、有力大名は中国から輸入される中国の産物を買うだけでなく、特別に誂えることもあった。

以上のように、長崎に近い地の利を活かし、鍋島勝茂は将軍家、幕閣などへの進上に、唐物を主に用いたものと考えられ、そのきっかけは、のちに長崎警備を交替で行う黒田藩主に相談した結果かもしれないのは興味深い。時の権力者家康、秀忠との交際に苦慮していたなかで、効果的な進上品を選ぶのは重要な方策であったに違いない。

中国・景徳鎮窯の磁器

ここで当時、もっとも高級な磁器の食器を作っていた中国・景徳鎮窯についてみてみよう。景徳鎮は一四世紀・元時代に青い文様を筆で表現した染付磁器を作り始めた。中国では「青花」と呼ぶ。当時はまだ青磁が磁器の主流であった。しかし、染付がより高級磁器として作られ、明代に入ると官窯も置かれ、一五世紀に官窯で優れた磁器が作られた。一六世紀に入ると青磁に代わって染付が主流となり、わが国にも多量に景徳鎮の染付が輸入されることになる。わが国に多量に輸入された磁器は碗（図12）と小皿が主である。わが国の食生活の基本的な器種であり、江戸時代も同様である。

天文（一五三二～五五）頃、日本が景徳鎮磁器を求めた象徴的なこととして、景徳鎮磁器で木瓜形や花菱形の白磁や五彩の皿で「天文年造」銘が入れられたものがある。日本の年号を入れた最初の中国磁器の例である。また形が円形でなく、花形に作られた磁器が日本の好みであることは『籌海図編』（嘉靖四一年・一五六二年）

に倭が好む磁器として、「花様を選んでこれを用い、香炉は小さな竹節香炉を好み、小さい皿は菊花形、碗や鉢も葵花形（稜花）のものを愛し、必ずしも官窯にのみこだわらない」と記される。「天文年造」という日本の年号を入れた景徳鎮磁器を注文するのは密貿易では困難であろうから、これは天文年間の大内氏経営の遣明船が注文した可能性が高い。

万暦（一五七三〜一六一九）年間の景徳鎮は「天下の窯器の集まるところで鎮民の繁富なことは江西随一であり、磁器生産活動が昼夜にわたって行われ（略）夜も寝られないほど」（王世懋『二酉委譚』）という。[注13]景徳鎮の繁栄の様が記されているが、この時期はポルトガルやオランダなどが、大量の景徳鎮磁器をアジアから遠くヨーロッパまで運び始めた時期に当たる。それまで軟質のヨーロッパ産陶器しかなかったヨーロッパ市場にも硬い磁器が多量に流通し始めた時期であり、まさに磁器の流通と使用がグローバル化し、磁器の需要規模は飛躍的に拡大したとみられる。ヨーロッパが大航海時代に入り、飛躍的に経済力を増し、中国に代わってヨーロッパが世界の先進地に躍り出た。そのヨーロッパ市場が加わったことで磁器需要が大きく拡大したのである。

このように景徳鎮窯は一六世紀になると民窯中心に生産が行われ海外輸出も活発化する。明末・清初には御器廠の衰退、中断があったが、康熙年間（一六六二〜一七二二）に再興される。景徳鎮は作れば売れる状態になり、生産が追いつかない状況にもなったことと思われる。

中国の海外貿易とヨーロッパ勢力のアジア進出

一五世紀〜一六世紀前半頃、日明間で勘合貿易が行われた時期には、琉球船が東シナ海から南シナ海にかけての地域で活発に中継貿易を行った。海禁令下の明朝ではあったが、こうした勘合貿易と琉球の中継貿易によって多くの中国陶磁器が日本にもたらされたのである。この琉球の活躍も一六世紀前半頃までである。ポルトガルの進出や一五六七年、中国の海禁政策が中止され、中国商人は南海への貿易は許されたが、日本との貿易はなおも禁止されたことなどが琉球の貿易衰退の理由であろう。

また中国は海禁令下にあっても浙江、福建、広東などの東部沿岸地域には、法を犯して密航し、貿易をしようとするものが絶えなかったし、一六世紀になると豪紳層のなかに密貿易商人と組んで利益をあげようとする動きが出てくる。密貿易の中心は寧波と漳州の月港であった。

この密貿易を促したのはポルトガル人の来航や商品生産の急速な発展という。(注14)ポルトガル人のアジア進出は一四九八年、バスコ・ダ・ガマがインド航路を開拓すると、一五一〇年にインドのゴアを占領し、アジア貿易の拠点とするとともに、翌一一年には、アジアの東西交易の重要な中継地であったマラッカ（マレーシア）を占領した。一五一七年、中国の広州に入ったが、中国の拒絶にあい、中国の密貿易商人と交易するようになった。ポルトガルは一五四三年に日本に来航するが、日本で中国の絹が求められていることに目を付け、中国の絹を日本に運び、銀と交換して莫大な利益をあげた。同じ頃、中国の海商による密貿易船もさかんに九州に渡っていたといい、(注15)そのため明政府は一五四七年から倭寇攻撃を始め、途中失敗もあったが、一五五七年に五島列島に本拠をおいていた海商の代表、王直を捕らえて処刑し、一五六三年には倭寇に大打撃を与える一方、ポルトガルは広州での通商が認められた。なお一五五七年頃にはマカオを領有することになり、以後ほぼ百年にわたりポルトガルが中国貿易を独占することになる。

ポルトガルに東アジア貿易で立ち遅れたスペインは一五七〇年にフィリピン諸島を占領し、その翌年、マニラを東洋貿易の根拠地として建設した。中国・日本との直接貿易はポルトガルの妨害で成功せず、マニラに来る中国商人との中国貿易を中心とせざるを得なかった。スペイン船により中国産の絹織物や陶磁器などが太平洋を越えてメキシコ、さらにヨーロッパ本国に運ばれた。

中国は一五六七年（隆慶元）海禁政策を廃止して中国商人の出航貿易を許可した。この合法化された海外貿易により、とくに中国商人のマニラとの貿易が活発化したという。(注16) 明は日本との貿易はなおも禁じていたので、直接、明との貿易ができなかった日本人はマニラにわたって交易する者も秀吉時代頃には現れる。フィリピンは当時ルソン（呂宋）と呼ばれ、ルソンで買い集めた壺が日本で茶壺として破格の値段で取り引きされたことは有名である。

こうして一六世紀後半になると、それまでの琉球に代わって、ポルトガル・スペインや海禁がゆるめられた中国船によってアジア貿易はさらに活発化したものと考えられる。

とくに、一五七〇年、領主大村純忠との交渉の結果、長崎が開港されると、マカオと日本との間の貿易は安定した。一五八七年、九州を平定した豊臣秀吉が長崎を没収し、直轄地として長崎奉行をおいた。秀吉は一五九〇年（天正一八）天下を統一すると、翌年から明の海禁をさけて、長崎は日明の密貿易地として重要性が増した。フィリピンのスペイン政庁に対して勧降交渉を行い、さらに一五九三年（文禄二）には同様に日明密貿易に重要であった台湾島にも入貢を促す文書を出した。こうした脅しも、征明の野望による朝鮮出兵へ矛先が向けられただけで終わったが、一連のこうした秀吉の政策は海外貿易に対する要求に応えるものであったという。(注17) 一方でポルトガル・中国船の貿易の保護のため海賊などを厳しく取り締まり、海上の治安維持を図った。

長崎はその後、朱印船貿易の根拠地として海外からの船が多く来航した。それを物語るように長崎では一六世紀後半からの中国陶磁が多く出土する。それ以前の中国陶磁はほとんど出土しないのである。平戸の場合、一五四八年から王直が本拠としたこともあり、長崎より古い、すなわち一六世紀前半の景徳鎮染付類が比較的多く出土している。しかし多くなるのはやはり一六世紀後半からであるのは、日本の貿易の拠点が北部九州となり、一六世紀中頃に東アジア貿易の構造が大きく変化したためであろう。

ヨーロッパに運ばれた中国磁器

一四九八年、バスコ・ダ・ガマがインド航路を開拓し、一五一〇年にインドのゴアを占領。アジア貿易の根拠地とするとともに、一五一一年にはアジアの東西交易の要衝であったマレー半島のマラッカをも占領した。一五一七年、中国に達し、公式貿易が認められなかったため、中国の密貿易商人との交易を始める。ポルトガルは中国磁器を貿易商品としても扱い始めたと考えられる。現在ポルトガルが景徳鎮に細かく注文して作らせたと考えられる磁器でもっとも古いとみられるのは、ポルトガル国王マヌエル一世（在位一四九五〜一五二一年）の紋章、渾天儀が染付で描かれた水注である。「至上の神の御許へ」という意の〝IN DEO SPERO〟が記される。高台内には「宣徳年製」銘が記されているが明らかに古い年号銘を写したものと考えられ、こうした古い官窯が用いた年号銘を写したりするのは民窯の仕事であるので、景徳鎮民窯に注文したものであることがわかる。事例が多くなるのは、一五四一年と考えられる注文磁器である。(注18)「ペロ・デ・ファリアの時代、一五四一年に」の意の〝EM TEMPO DE RERO［PERO］DE FARIA DE 1541〟を記した染付両耳碗。ほかにもこの頃と考えられるマヌエル一世の紋章やイエズス会の略称IHSのモノグラムを染付で入れた鉢や皿がある。

一六世紀には中国磁器の主流は龍泉窯の青磁から景徳鎮窯の染付に移っていたから、ポルトガルも染付を運ぶ。当時のヨーロッパではラスター彩や色絵陶器、イスラムやビザンティンをはじめ、中世後期のヨーロッパに広く普及していた鉛釉陶器、すなわち軟質で有色の素地に白化粧土を塗ったキャンバスの上に線彫り文様や緑・茶などの顔料を散らし掛けし、文様を表し鉛釉を掛けて焼いたものと、白色不透明な錫釉を掛けた陶器であるマヨリカが主流であった。

これらは当時のヨーロッパでは上質なもので、一般にはより粗放な軟質の鉛釉陶器や釉薬を施さず高い温度で焼締めた硬質の炻器が量産され多く使われていた。厚手でぼてっとした焼物であった。食器の高級品は金属器であったと考えられる。

自分達のヨーロッパにない白く硬い素地、叩くと金属音に近い音がする薄い磁器、銅や銀器などと違って白地に青い文様が自在に表されたもので、魅力あふれるものであったに違いない。こうしてポルトガルが中国磁器を商品として運び始めたとはいえ、まだ量的にはわずかであり、主にポルトガルなどに流通したにすぎないと思われる。それはヨーロッパでの中国磁器の伝世品や、オランダでの出土品もこの時期に遡る中国磁器は本当にわずかであり、オランダで出土量が目立ち始めるのは一五九〇年代頃以降の染付からである。

わが国の陶磁器需要増大

一六世紀にはヨーロッパのポルトガルなどがアジアに進出し、ヨーロッパにも染付が運ばれ始める。こうして世界的な需要が中国染付に集まると、景徳鎮の染付より安い染付需要に向けて、福建省南部の漳州地方の窯が粗製の染付を量産し始める（図13）。ヨーロッパでは出荷港の名を取って「スワトウ」（汕頭）と呼ばれ、わが国では「呉州（須）手」と呼ばれてきたものである。この中国の景徳鎮と漳州の染付類が大量に運ばれ始め

13　染付芙蓉手花鳥文皿（呉州手）
中国・漳州窯（明）　17世紀前半　口径26.8　高6.1　底径11.3
佐賀県立九州陶磁文化館　白雨コレクション

景徳鎮の磁器より粗放な製品が福建省南部で作られた。

るのは、一六〇二年オランダ東インド会社が設立されるが、その前身的会社が一五九四年以降設立され、一五九六年にインドネシアに到達。こうしてアジアに進出し、中国磁器を運ぶとともにヨーロッパ好みの芙蓉手意匠の皿・鉢などを多量に輸出するようになってからである。

ヨーロッパ向けには景徳鎮の芙蓉手染付中心に運ばれていた一六〇〇〜三〇年代に、わが国には景徳鎮の碗と小皿に加えて漳州窯の碗・小皿も多数輸入された。

戦国時代に流通経済が活発化し、人々の生活が豊かになる中で陶磁器需要も増大する。一六世紀後半、そうしたエネルギーを基盤に信長、秀吉によって天下が統一される。この信長、秀吉の軍事力を支えた資金調達に堺商人が大きな役割を果たしたことはよく知られるところである。堺商人は千宗易（利休）が代表するように茶の湯をさかんに行い、とくに秀吉および、麾下の武将に「利休七哲」と呼ばれる利休に学んだ茶人がいた。蒲生氏郷、高山右近、細川忠興、芝山監物、瀬田掃部、牧村兵部、古田織部である。茶の湯がさかんになり、茶の湯で使う特別の陶磁器への需要も増大した。

日本の茶の湯の盛行により「古染付」「祥瑞」を注文

江戸時代に入ると家康の近隣友好政策のもと、中国商人やポルトガル船も再び平戸や長崎に多く来航するようになり、貿易は活発化した。

慶長六年頃、鍋島勝茂は長崎での買い物の書き立てを三位卿（加賀・前田利長カ）から受け取り、ポルトガルの黒船が着いたらすぐに買い調えるように家臣に命じた。鮫皮三百を船が着いたら即刻大坂に差し上げるようにとある（『佐賀県史料集成古文書編一一』）。慶長六年といえば、前田利常が利長の継嗣となり家康の仰せで

14　染付松竹梅文扇面形皿（古染付）
中国・景徳鎮窯　　　口径24.4×9.7　高4.1
佐賀県立九州陶磁文化館所蔵

こうした足付の変形皿などは日本の茶人好みで特別注文された。

秀忠の娘珠姫が金沢に入輿するという大きな慶事が前田家にあった。そうした際に必要な唐物購入に長崎に力をもつ勝茂が関与している。

慶長一九年頃、六月二五日の書状の黒船が長崎へ着岸したと聞くが、そうであれば、前々年に黒船が帰るときに誂え注文したものを必ず受け取るようにと国元家老の鍋島生三に命じた。鍋島勝茂が関ヶ原の戦いに反徳川方について敗れ、家康との関係修復に苦慮する中、長崎の深堀に来航する中国船から献上・贈遺品を購入したり、中国船に注文するなどを国許の家老に命じている。中国に注文して日本の茶人好みの磁器を作らせた代表例が古染付（図14）・祥瑞《しょんずい》（図15）である。日本からの注文磁器としては前述した「天文年造」（一五三二〜五五）銘などの花形の皿があったが、秀吉時代の明との戦時下では当然みられず、再び平和を取り戻した一六一〇年代頃から明が滅びる一六四四年頃までに日本からの注文で独特の意匠の磁器が作られたのである。

古染付と呼ばれる磁器の中でもとりわけ織部好みの足付の鉢・皿は茶の湯の世界では向付とされる器であり、様々な形があり厚手に作られた。当時ヨーロッパ向けの中心であった芙蓉手の皿鉢類とはまったく異質な意匠の器であったが、まさに日本の茶の湯の世界が背景となって生まれた自由奔放な器であった。こうした古染付は日本への輸入磁器の中では量も少ない上、茶道具であったから大切に扱われたため、出土例は多くないが、長崎や江戸などで出土しているほか、新潟県佐渡奉行所跡、鹿児島県大龍寺遺跡などで出土している。もちろん日本向けであるから海外の遺跡では出土していないし、当時ヨーロッパに多く渡った中国磁器の中にも含まれていない。ところがヨーロッパ人が古染付という場合、もっと広義のタイプをいい、天啓（一六二一〜二七）銘の入ったものなどと、天啓時代の意匠的に日本好みと思われるような皿類を含む。しかし明らかに日本からの特別注文といえるものは前述のように足付や厚手の向付や水指などであり、両者は区別する必要がある。

15　染付松竹梅文茶碗（祥瑞）
中国・景徳鎮窯　1620～40年代　口径10.9　高9.7　高台径8.3
出光美術館所蔵
高台内には「五良大甫呉祥瑞造」銘が染付されている。

こうした古染付が注文された背景には古田織部が指導した茶の湯での需要の残映があった。元和元年（一六一五）の大坂夏の陣の後、豊臣方と通じた嫌疑で古田織部が切腹。元和二年（一六一六）、家康も死去するが、大御所となった秀忠と新将軍家光が幕府安定に向けて茶事を活発に行った。小堀遠江守政一が織部に代わって茶の湯の指導的役割を果たすようになるにつれ、「きれい寂」といわれるように茶陶にも利休、織部時代とは違った洗練された陶器が取り上げられ、磁器の茶道具も幅を利かせるようになる。家光時代の寛永八年（一六三一）に将軍家茶道指南となった小堀遠州は京都の伏見奉行であったが、江戸城の茶室、庭園造営にも指導的役割を果たす。秀忠が死去すると家光の御成や茶事は酒井忠勝を筆頭とした幕府重臣との交流に移っていき、秀忠時代の大名との交際の場から変質していくのである。小堀遠州もまた幕閣であり、家光時代の茶の湯の特質を示している。

この遠州時代に中国への磁器注文もより襟を正したような祥瑞（図15）に変わる。なお通常の景徳鎮磁器よりも厚手ではあったが、濃密に文様を描き込み、重厚感のある染付や色絵が作られた。やはり祥瑞と呼ばれるものにも広義の祥瑞とより典型的な狭義のものがある。「五良太甫呉祥瑞造」などの銘を施したものが狭義の例である。

佐賀初代藩主鍋島勝茂伝来の色絵祥瑞大皿（図29）は高台内に「大明嘉靖年製　福」銘を赤の長方形枠で囲んだものであるが、こうしたものは文様的に祥瑞のグループといえるにしても成形などは異なり、狭義の祥瑞ではない。しかしこれが崇禎（一六二八〜四四）頃の景徳鎮産であることは疑いなく、当時日本人が求める最上手の景徳鎮色絵磁器であった。典型的な祥瑞銘をもつものは東京大学構内遺跡すなわち加賀藩江戸屋敷跡など出土例は少ない。製作数が少ない上に大事にされて伝世し易いのであろうか。

広義の祥瑞は長崎などでも出土例があるが、それでも多くはない。ましてや鍋島勝茂伝来品のような色絵祥瑞大皿（図29）となると出土例をみない。勝茂伝来品は、この色絵祥瑞大皿とそれを手本にした有田の初期色絵大皿（図30）の二点一組であった。箱には「南京焼　鉢」とあり、当時景徳鎮磁器の呼称「南京焼」と記されている。勝茂が次第に質の良い磁器を作るようになっていた自領内の有田窯に対して、最初にこの色絵祥瑞大皿を手本として試しに作らせてみたとしたら、勝茂の意図するところを想像してみると、将軍家献上用にふさわしい磁器が自国産磁器でできるかどうかにあったに違いない。

2　将軍御成の展開

元和元年（一六一五）大坂夏の陣で豊臣家が滅亡し、翌年家康が死んだ後も、秀忠から三代家光にかけての時代には大名処分が容赦なく行われた。その多くは豊臣家につながる大名であったから鍋島勝茂も緊張が続いたことは疑いない。こうした大名処分は幕藩体制確立をめざしたためである。

秀忠は自らが武家の棟梁であることを示すため、上洛のほかに元和期に外様大名の江戸屋敷への訪問（御成）をさかんに行った。大名や重臣の江戸屋敷への将軍訪問は家康存命時代から行われていたが、本格的な御成としては元和三年（一六一七）五月一三日、加賀・前田藩江戸屋敷への御成からという(注19)。御成がどのようなものであったかをみてみよう。まず露地口より茶室に入り、そこで御膳が出される。相伴にあずかったのは、元大納言の日野唯心（輝資）と藤堂高虎である。御膳部は杉足打ち、御相伴者は杉平具である。

御茶が終わって書院に通り、そこで前田利常からは熨斗を秀忠に献上する。そこで祝いの御膳が出される。三献あって、利常は盃を給う。

次に広間に通り、利常は太刀、脇差などと銀三千枚を秀忠から給う。利常からも太刀、馬、時服などと黄金三百枚が献上される。

次に利常の家臣、といっても家老を勤める最上級の人たちが拝謁を許される。その時家臣らもそれぞれ太刀などを献上し、秀忠からは白銀、時服を給う。

その後、能の催しを鑑賞する。猿楽七番、狂言三番が終わると、秀忠は再び書院に戻る。

そこで七五三の御膳を出され、利常と日野唯心、水無瀬一斎、藤堂高虎が相伴する。引き換えの御膳が出される。その折、利常から刀、脇差を献上し、それを随行した幕府年寄の酒井忠世が披露した。また盃酌があり、酌は板倉重宗、加えて永井尚政が酌をした。給仕役として随行した青山幸成、酒井忠正、菅沼定官、鳥居忠頼が行う。その御膳が終わり、再び広間に戻り、猿楽をご覧になる。次に酒菓を盛った剪花かざりの五合の折櫃一〇個、同じく金銀の色絵を描いた小桶亀足五〇が出され、さらに蓬莱の島台、富貴の台、山鳥瀧の台、七曜龍の台、源氏の台、龍虎梅竹の台、人丸の台、三星の台、一星の台等を置き、猿楽四座（金春・観世・宝生・金剛）の太夫や役者には小袖、舞台には鳥目五百貫ずつ置いて、秀忠より下賜された。供奉の人たち三五〇人にも五五三の膳部、走り衆二〇〇人には三汁七菜、中間二〇〇人には三汁五菜を供した。

猿楽が終わって、元の露地より江戸城に帰った。

このように大規模な御成には大変な出費があったことは、のちの元禄の御成などからも知られ、加賀藩前田家の財政を圧迫したと考えられる。

元和六年（一六二〇）には尾張・紀伊・水戸の徳川御三家の江戸屋敷が将軍御成に対応できるよう建設された。そして一六二三年以降、御三家、大大名の江戸屋敷への御成が新将軍家光（一六二三年から）と大御所秀忠、それぞれによって頻繁にくり返し行われた。その質は次第に政治的なものから遊びのための御成に変化したと考えられているが、寛永七年（一六三〇）四月一八日に御成を受けた薩摩・島津藩では「一代の面目にて候」といっているように将軍の訪問を受けることが、名誉なこととして一大イベント化していたことがわかる。

この島津邸への御成には、陸奥・白河藩丹羽長重、陸奥・会津藩加藤嘉明が相伴し、島津家久邸を訪問した（『鹿児島県史料旧記雑録後編』）。家久の茶室は以前、古田織部が指図して築造された所である。御花（紫白鳶尾、岩藤）、御炭は家光が自らした。今日、陳設した肩衝の袋は慈照院准后《じゅごう》（室町幕府八代将軍足利義政）の暖簾の切れで作られたものである。鏁間の釜は鎌倉の右大将（源頼朝）家の遺物、銅壺間の掛幅は牧谿《もっけい》（中国・南宋末の画家）の布袋、胡陽対月など、色々な古玩名物の数々を尽くした。

また書院の床には重藤の弓の弦をはずし、内竹を前に向け、金銀の箙に征矢二五筋を立て、白糸威しの鎧、惣金の立物の兜を畳の上に置く。

これは島津家の家老伊勢貞昌という者が、故実をただして設置したものである。

棚の飾りや文房具などは同朋の福阿彌が飾り、亀足の盛り物、七五三十二合の折などは天野図書がつかさどって調えた。鳥置鯉二重瓶子は大草流で飾り、花は池坊に仕立てさせた。

会所の掛幅は李龍眠筆、晋人五賢図である。

三献のお祝いには家久が相伴した。家久に太刀、脇差、小袖百、袷《あわせ》二百、唐織の衾《ふすま》二〇、越前綿千把、銀三千枚が、長男又三郎に刀、袷百、銀五百枚が、三男又十郎久直に脇差、袷五〇、銀三百枚、六男忠紀に脇差、袷二〇、銀三百枚を家光から給わる。

会所で猿楽をご覧になる。舞台に要脚五万疋を積み、猿楽太夫鼓吹二百余人に唐織あるいは時服を下賜する。

猿楽三番が終わって御簾《みす》を下し、寝殿に導き、七五三の御膳を供し、御宴を催し、家久と三人の子らに盃を給う。またこの度の御成のため、特別に琉球の楽童五人を呼び寄せ、かの国楽を奏した。

この舞が終わり、また会所に戻り、猿楽をご覧になった。

江戸城に帰って後、家久父子が登城しお礼を申し上げた。今日、床飾りとした甲冑弓矢はあとから献上した。また御成の中で、家久は太刀、刀、脇差、小袖百、袷百、紅糸二百斤、生糸千斤、黄金三百枚、馬を献上、又三郎は太刀、脇差、袷二〇、銀三百枚、馬一疋を、又十郎久直は太刀、馬代銀二百枚、袷一〇を、越後忠紀は太刀、馬代銀二百枚、袷一〇を献上した。

家臣の島津下野、伊勢兵部、島津弾正、島津相模、島津豊後、佐多丹波、桂山釆女、北出雲、北江《(郷カ)》佐渡、頴娃長左衛門、入来院石見、種子島左近も拝謁し、太刀、馬代、時服を献上した。

下野以下六人へは時服二〇、銀三百枚ずつ、丹波以下は時服一〇、銀百枚ずつ下賜される。

この御成の際、紀伊、水戸両徳川家は家光が帰城するまで、島津屋敷に家臣を詰めさせたというから大変なイベントであり、迎える大名にとっては名誉と将軍の信頼を勝ち取る重要な機会であった。

そのため同年に将軍が越後・村上藩十万石の堀直寄屋敷に御成をしたことを聞いた大御所秀忠は、堀直寄邸への御成は他の譜代大名が皆御成を請うことになり収拾がつかなくなるから止めた方がよいといっていることも、これを裏付けている。

大皿の需要

口径四〇センチを越す当時大鉢と呼ばれた大皿は、製作するのが技術的に難しかったため、中世までの日本

16　鉄絵松文大皿（絵唐津）（重要文化財）
肥前　1590〜1610年代　口径44.5　高13.6　高台径13.0

17　染付山水文大皿

肥前・有田窯（山辺田窯）　1630～40年代　口径44.2　高12.4　高台径13.0
佐賀県立九州陶磁文化館所蔵

初期伊万里を代表する大皿。

18　鉄釉染付菊花文碗
肥前・有田窯　1630～40年代　口径12.0　高7.6　底径5.1
佐賀県立九州陶磁文化館所蔵　柴田夫妻コレクション

高台部に釉をかけないのが特徴。生産量を増やす工夫の一つと考えられる。

では作られなかった。ところが江戸初期、徳川家康、秀忠が大名屋敷への御成を行う中で、宴を飾る見せる器として求められたためか、[注20]唐津焼などが陶器で大皿を作る（図16）。当時磁器でも景徳鎮の染付大皿があった。肥前磁器は一六一〇年代に始まり、最初は四〇センチを越す大皿はできなかったが、一六三〇年代になると有田の山辺田窯で作られ始める（図17）。唐津の陶器大皿と同様の成形であり、唐津の成形法を受け継いだものと考えられる。高台径が小さく、口は折り返して鍔縁と呼ぶ形に作る。一六三〇年代には十分焼成されたものがふつうであったが、おそらく一六四四年、明清の王朝交替に伴う内乱で中国磁器が入らなくなった後の山辺田窯では焼成が甘いというか、不十分な大皿が多くなり量的にも増える。文様の表現も軽妙でいかにも時間的に早くできるものが多い。こうした現象は、一六四四年以降五〇年頃に生産量を増大させ、日本の磁器需要にこたえた時期に顕著な特徴である。この時期の生産量増大に対応したと考えられる工夫の代表的なものに高台部の釉をかけない碗（図18）が量産されていることがあげられる。山辺田窯の大皿の底部もこの時期になると釉を雑にかけて釉のかかっていない部分がみられる例が多い。釉をかけて、高台畳付の釉を剥ぎ取る時間を短縮したり、焼く時間を短縮するなどの工夫によって生産量を増やし、国内磁器市場に対しそれまで中国と肥前で供給していたところを肥前が独占する。その表れとして有田から鍋島藩に納める税が一六四七年までの八年間に約三五倍にまで急増したのを納めきってしまうのである。つまり有田の磁器生産は中国磁器の輸出途絶の好機を逃さずに驚異的な急成長を遂げたと考えられる。

山辺田窯ではこの焼きの甘い大皿を作った窯で多数の色絵大皿の素地が一緒に出土した。まさに一六四四年から五〇年頃の間に、染付大皿（図17）生産と色絵大皿（図19・20）の製作がこの窯の目玉として異なる陶工によって推進されたに違いない。染付大皿を成形したのは朝鮮系の陶工であり、色絵大皿を作ったのは中国からの最先端技術を身につけた陶工であったと考えられる。有田のこの時期の窯は登り窯という、焼成室が一五、六も連なり、全長六〇メートルを越す大規模な窯であった。共同窯であり、一つの窯元は二、三室の焼成室を所有した。そのため技術的に異なる集団によって作られた異なる製品が同じ登り窯で出土してもまったく不思議ではない。

将軍・大名層の宴の器として大皿が求められたためと推測されるが、一点一点図柄の異なる見せる器としての四〇センチを越す大皿製作は、寛文（一六六一～七三）頃までさかんであった。

茶の湯外交

この秀忠時代の一六二七年～三〇年にかけては江戸城西の丸で茶事がしばしば催された。鍋島勝茂も一六二七年九月、一六二九年四月・一〇月、一六三〇年四月・一〇月、一六三四年三月の六回招かれて江戸城の茶事に出席している。こうした西の丸茶亭での茶事も一六三二年一月二四日に秀忠が死去すると、以後は一六三四年三月九日を最後になくなったのである。

薩摩藩島津家も慶長一〇年（一六〇五）、国焼の薩摩焼の肩衝茶入を将軍家康の御覧にいれる（『鹿児島県史料』）など、将軍が茶事に熱心な中で、生産地では茶道具を焼かせようとする試みがさかんになったものと思われる。

茶の湯で高麗茶碗が高く評価され、これを求める動きは一六世紀末の千利休あたりから強まり、江戸時代に入っても続いた。佐賀藩初代藩主鍋島勝茂も国家老に宛てた書状で慶長二〇年頃に茶碗を所持していないが、高麗茶碗が流行っているので、善し悪しはともかく、高麗茶碗であればよいので、家中の町人・百姓どもが持っているものを探し、代金を払って一四、五個も急ぎ差し上せるようにと命じた。三月九日の書状であり、翌

19　色絵撫子鳥窓絵桔梗文輪花大皿
肥前・有田窯（山辺田窯）　1640～50年代　口径30.5　高8.2　底径18.6
佐賀県立九州陶磁文化館所蔵　柴田夫妻コレクション

赤の輪郭線と明るい赤・緑・黄の３色の色絵。祥瑞手とか南京手と呼ばれる。

20　色絵山水葡萄文輪花大皿
肥前・有田窯（山辺田窯）　1640～50年代　口径32.1×30.9　高7.8　底径17.6
佐賀県立九州陶磁文化館所蔵　柴田夫妻コレクション

黒の輪郭線と濃い緑・黄・青・紫などの５色くらいを用いた色絵。五彩手と呼ばれる。

21　白磁碗

肥前・有田窯　1610～40年代　口径14.4　高8.1　高台径6.2
佐賀県立九州陶磁文化館所蔵　柴田夫妻コレクション

朝鮮の白磁碗風に作られたもの。高台畳付には砂目跡が残る。

四月五日に一一個の高麗茶碗が八人の家臣から進上された。

鍋島勝茂がこうした高麗茶碗を探させたのも、慶長五年（一六〇〇）の関ヶ原の戦いで西軍に荷担して敗れた鍋島勝茂は、家康に対する負い目から関係修復に苦慮していたと考えられる。秀吉に比べれば、家康が茶の湯にのめり込んだとは聞かないが、慶長一五年（一六一〇）将軍秀忠が駿府の大御所家康に土井利勝を遣わした際、家康は茶入を賜い、「汝関東に帰りなば、御茶進めらすべしと仰せ下さる」とあり、慶長一七年二月二八日に仙台藩伊達政宗、讃岐の生駒正俊が駿府に行った際、家康は茶を振る舞う。さらに三月二六日家康の茶室に秀忠を迎えて茶事を行ったのに対し、同年一〇月一八日秀忠は江戸城に家康を迎えて茶事を行うなど茶の湯による外交に力を入れ始める。そうした将軍家の茶事の動きを感じ取った結果、前述のように鍋島勝茂は高麗茶碗を調達させたのであろう。

こうした茶事があったことや、一六二七年の西の丸茶事では藤堂高虎が献上した高麗割高台茶碗が使われているなどの影響か、肥前でも寛永頃になると高麗茶碗写しの茶碗が窯跡で出土するし、磁器で水指が多くなるのもこの頃と考えられる。有田の天神森窯では高麗茶碗写しで、しかも割高台の茶碗が出土している。もちろんこれらが将軍への献上に結びついたものとは思われないが、将軍の茶事に招かれたりなど、いざというときのために大名間での流行に遅れないようにとの動きがあった可能性が高い。

寛永頃の高麗茶碗写しは伊羅保茶碗など陶器であった。しかし記録上、勝茂の弟で、秀忠の近習として寵遇された忠茂が寛永元年（一六二四）頃「せいじの今焼茶碗」を注文している。

せいじの今焼茶碗大望ニ候間、乍御六借、二ツ程御焼せ可給候、いかにも小かたに候て、かうだい付ちいさく、志ほらしく御座候様ニ可被仰付候、尤下絵御座候せいじの物望ニ候、我等不断ノ茶碗ニ仕候間、大かたニ候ハ不好候（『佐賀県史料集成古文書編一二』）

とあるように、小型で、高台も小さく、しおらしい茶碗を注文。下絵のある青磁を望み、普段使う茶碗なので大型の茶碗は好まないとある。この時代にどのような青磁の茶碗ができたのか明らかではない。しかし、岩谷川内の猿川窯では確かに青磁碗も多く出土しており、染付や線彫の文様を施したものがみられる。また寛永一四年（一六三七）の伊万里・有田地方の窯場の整理・統合事件以後の窯の一つ、窯ノ辻窯（武雄市山内町）などで朝鮮の白磁碗風の茶碗が現れる。

韓国では粉青沙器と呼ばれる陶器に、象嵌による白い文様をほどこした陶器は「三島手」と呼ばれる。泉澄一氏によると、(注21) 慶長一四年（一六〇九）に日朝国交が回復し、一六一一年には歳遣船が朝鮮に渡る。日本人が茶碗などを作ることを求めてきたので金海の陶工に作陶させたいという記録がある。対馬藩からの焼物注文の初見である。茶碗などを注文する一方で朝鮮の茶碗も輸入しており、寛永一一年（一六三四）に対馬藩宗家は老中酒井忠勝に「高麗新渡之茶碗」を贈っている。寛永一四年（一六三七）九月には将軍に「朝鮮新渡之茶碗一箱二十」を酒井忠勝を通じて献上している。

謎の名工高原五郎七

中島浩氣『肥前陶磁史考』（肥前陶磁史刊行会　一九三六）では、内野山（佐賀県嬉野市）の窯場には江戸初期に、謎多い名工として知られる高原五郎七がいたとする。これは『有田皿山創業調』の「副田氏系図」に、副田日清は京都の浪人善兵衛とともに「内野山へ赴き、高原五郎七とて名誉の焼物師なりせは、段々手入して弟子付致し数年随身しけれども、五郎七一向奥義を伝へす。其後有田岩谷川内へ移り青磁を焼出し世上に発向す。

（中略）然るに切支丹宗門御穿鑿厳敷《きびしく》、五郎七邪宗門の聞へ有之、御捕ある由承り付、前夜逃去、行方不相知」（原文は平仮名部分をカタカナ表記）とある。この高原五郎七の実在を疑う向きもあるが、『多久家文書』の初代藩主鍋島勝茂書状に出てくる高原市左衛門尉は高原五郎七と同一人物と推測される。大園隆二郎氏が検討しているが、（注22）その要点は、

（一）高原市左衛門尉にはキリシタンの嫌疑がかかっている。

（二）高原市左衛門尉は有田在住である。

（三）鍋島勝茂はこれらのことを幕閣年寄中へ報告している。

（四）高原市左衛門尉は「召使候」従者七人を抱えており、彼らは平戸・博多・京都や有田の地の者などであった。平戸・博多の者はキリシタンお改めにより出身地に帰ったが、京都と有田の者は市左衛門尉のもとにまだ「内々罷居」という状況であった。残り三人は行方不明、「不審に存候」となっている。

（五）幕閣年寄中より鍋島勝茂に「市左衛門尉儀、公儀御細工仕候とも、用捨なく、相改め候様に」と命令が下る。勝茂は心おきなく詮議に当たれるようになった。

このように、「副田氏系図」の内容とは符合しており、高原五郎七と市左衛門尉が同一人物である可能性は高い。この書状は寛永一三年（一六三六）頃のものと推定される。

また佐世保市三川内の『今村家文書』には「竹（高）原五郎七焼物師、是筑前之者竹原道庵と申す者之子と（に）候得共、本は高麗人にて日本に渡り焼物細工宜仕りに付（中略）此者国々相廻りいろいろ焼物細工仕候」とあり、唐津領大川野川原皿山（伊万里市）の後、椎の峰皿山（伊万里市）に移り七年滞留の後、竜造寺領の有田の南川原皿山に来る。また弟子三人ありとし、「今村三之丞、宇田権兵衛、京之者平兵衛」とあり、権兵衛は子孫無く、

今村三之丞は平戸領に行き、平兵衛は江戸浅草に竹原とて子孫が残る、とある。

高原五郎七については、江戸前期の陶磁器研究に重要な、京都・金閣寺住持鳳林承章の日記『隔蓂記』にも記されている。寛永一九年（一六四二）一月四日に唐物屋大平五兵衛より年玉として「高原五郎七作之茶碗」を贈答され、「見事成茶碗」とあり、同年一月二九日の「茶乃湯」に「茶碗五郎七焼」を使用している。その後は五郎七の名は記されず、「高原焼」とある例は、同年三月一〇日「高原茶碗」など正保二年（一六四五）にかけて七件がみられる。寛永一九年といえば五郎七がキリシタンの嫌疑で有田から逃亡したと考えられる寛永一三年ころより後のことであり、大坂の高原焼で製作した可能性がある。

また『徳川実紀』寛永一六年（一六三九）に、将軍が「酒井讃岐守忠勝が別業にならせら」れ、「茶亭にて陶器製造のさま御覧にそなふ」とある。鍋島勝茂が高原市左衛門尉などキリシタン改めのことを報告した幕閣の一人が酒井讃岐守であり、高原が「公儀御細工」（『佐賀県史料集成古文書編八』）をしていたという点からみて、酒井邸で陶器製造の実演を将軍にみせた細工人は高原ではないかと推測される。

また『柿右衛門家文書』のうち、筑前の承天寺和尚より酒井田円西への書簡に、五郎七は器用で、洛焼（京焼の意か）だけでなく南京写しや「白手の陶物」などを作るのが大変上手である、とあり、『今村家文書』にも筑前の五郎七に「白手焼物細工」を習いたいとあるが、実際、「副田氏系図」から高原五郎七がいたとされる内野山窯では「白手の陶器」に該当するとみられる白色精土による陶器碗・皿が多数焼かれている。

こうした高麗茶碗写しともいえる茶碗製作が、肥前のうちのいくつかの窯で行われた。この背景として考えておかなければならないのは、当時の佐賀藩主鍋島勝茂の動きである。

鍋島勝茂がこうした茶陶に関心を示した史料として知られるのは、慶長頃（八年［一六〇三］以前か）と考えられる二月一〇日付書状に、「このごろ黒田如水と一緒に古田織部など方々に数寄に行ったところ、肥前に在住の唐人が焼いた肩衝、茶碗が座に出た。それについて（聞いたところ）、三条の今焼の陶工達が、肥前に下っていったと聞いた。下って焼かせて持ちのぼったということだが、むざむざと焼かせないように」（読下し文）（『佐賀県史料集成古文書編一二』）と、鍋島勝茂が鍋島生三に命じている。

勝茂が肥前の茶陶に関心をもったことがわかるとともに、京都三条の陶工が肥前に行ったことがわかり、前述の五郎七の弟子に京の者が加わっていることなど、すでに交流が行われていたことがわかる。

前述したが、慶長二〇年（一六一五）頃と推測される三月九日付書状に、

茶碗無所持候、然者高麗茶碗別而はやり申候間、善悪は其元に而相知申間敷候条、高麗茶碗にてさへ候はば、家中町人百姓共に所持候を相尋、代をとらせ候て、十四五も急度差上せ可給候（『佐賀県史料集成古文書編一二』）

とあり、勝茂が、茶碗を持っていないが、高麗茶碗が流行るようになった。善悪は任せるとして高麗茶碗であればよいから、家中町人百姓共が所持しているのをさがして、金を払って一四、五個も急ぎ差し上せるようにと鍋島生三に命じている。その結果として、四月五日付の「高麗茶碗差越申候覚」に、

一茶碗三ツ　　三之丸　□（様カ）　より

一茶碗壱ツ　進上　　内田正右衛門尉

一茶碗壱ツ　進上　三浦四郎右衛門尉
一茶碗壱ツ　進上　馬場清左衛門尉
一茶碗壱ツ　進上　東嶋市佑
一茶碗壱ツ　進上　嬉野縫殿助
一茶碗弐ツ　進上　成富十右衛門尉
一茶碗壱ツ　進上　生三
　右、合茶碗数拾壱、内に銘々名付仕召置候

のように一一個の茶碗が進上された。

　こうした藩主の高麗茶碗を求める動きに加え、高麗茶碗写しともいえる茶碗の製作が寛永年間を中心にあり、その後は少なくとも一六五〇年代になるとみられなくなる理由については、当時、将軍家における茶事の流行と関わりがあると思われる。鍋島勝茂も寛永四年（一六二七）から一一年にかけて江戸城で催された茶事に招かれている。寛永九年に秀忠が死ぬと、家光の茶事は幕閣などが中心になり、家綱の代（一六五一年より）には、記録に茶事は激減するし、大名との茶事を行った記録はないからである。

　江戸初期の大名取り潰しの嵐のなかで、幕府を相手にした外交は最重要であったから、将軍家の茶事盛行が肥前の窯での高麗茶碗写しともいえる茶碗製作の背景となったのではあるまいか。

　名工高原五郎七がキリシタン嫌疑で有田から逃亡したのは寛永一三年と考えられるが、鍋島家が窮地に陥るキリシタンの島原の乱が寛永一四年一〇月に勃発したので、それ以前であるとするのが妥当であろう。

第二章

国産初期色絵の登場　三代家光親政時代（一六三二年〜）

1　遠州、綺麗さびの中での国焼評価

寛永九年（一六三二）正月二四日に秀忠が死去すると、家光は親政に入った当初、諸大名に対し厳しい態度で臨み、その代表例として熊本の加藤忠広の取り潰しがある。熊本藩五四万石の加藤忠広が江戸で生まれた子を許可無く国元に連れ帰ったことを理由に改易し、出羽庄内藩の酒井忠勝にお預けとし、子の光広は飛騨高山藩の金森重頼にお預け処分を行った。佐賀鍋島家にとってこの近隣の大大名の改易は衝撃であったと思われる。また大目付を新設し諸大名を監視させるのである。

そうした緊張の中、寛永一三年から家光の茶の湯指南のような役割を果たす京都・伏見奉行小堀遠州は一六四七年に亡くなるまで、当時の茶風に「綺麗さび」という新風を吹き込んだ。磁器はわび茶にはそぐわないせいか茶陶として主要な役割を果たす品には磁器は少ないが、肥前磁器でも、初期に茶道具が多い理由の一つとして「綺麗さび」が考えられる。高取・膳所などの遠州七窯などの陶器製作をも指導したとされ、その影響からか、この時期に国焼が『徳川実紀』にも登場する。

家光の御成はより自由な遊びの色彩が強くなり、家光の側近として台頭した酒井忠勝の江戸別邸に通算九九回以上の御成をしたのを別にしても、大名、老中、京都所司代、大目付など幕閣の屋敷への御成に集中しており、外様大名との交際はより形式化していく。

外様大名にとって、御成はなくなったが、寛永一三年から家光の茶の湯指南のような役割を果たす京都・伏見奉行小堀遠州の指導もあってか、綺麗さびの茶風で国焼にも注目が集まるようになる。

寛永一六年（一六三九）八月二六日、大老酒井忠勝屋敷に御成の時、「茶亭にて陶器製造のさまご覧にそなふ」、また寛永一七年九月一六日品川の御殿で長州の毛利秀元が御茶を奉るが、海辺の茶亭に「新陶器あまた置きならべ」とあるのは萩焼ではなかろうか。正保元年（一六四四）九月三日、備前の池田光政が、封地より「備前焼の茶器数品に魚物そえて献じ」などとある。このように大名の存亡の鍵を握っていた絶対権力者徳川将軍家の動きに諸大名は敏感に対応し、将軍家が御成や茶事を将軍権力確立過程の重要な方策とした時代には、国焼をもつ大名は茶陶生産や献上にふさわしい陶磁器生産に力を入れたと考えられる。

有田皿山の発展

こうした将軍家の動きに加え、正保元年、明清の王朝交替による内乱で中国磁器の輸出が激減し、わが国にも入らなくなる。その中国磁器の代わりに有田を中心とする肥前磁器が全国の磁器市場を席巻するのである。

肥前磁器は一六四四年まで、輸入される中国景徳鎮磁器の供給量を補うかのような役割を果たしたと考えられる。すでに唐津焼が開拓した船による販路にのって、日本海側は早くから東北地方にまで運ばれたことが、各地の遺跡の発掘で出土した製品で裏付けられる。

『隔蓂記』などの記録では、中国磁器より伊万里焼が多くなるのは一六五〇年代に入ってからであるが、寛永一五年（一九三八）の松江重頼の『毛吹草』で諸国の名物を紹介したなかに、肥前では「唐津今利ノ焼物」と記されるように、肥前磁器の流通は始まっていた。

朝鮮の技術によって作られたこの初期の肥前磁器は初期伊万里と呼ばれるが、景徳鎮磁器に比べて厚手の器であることが、著しい特徴であった。朝鮮の技術者によって始まったので、磁器の種類としては、染付のほか

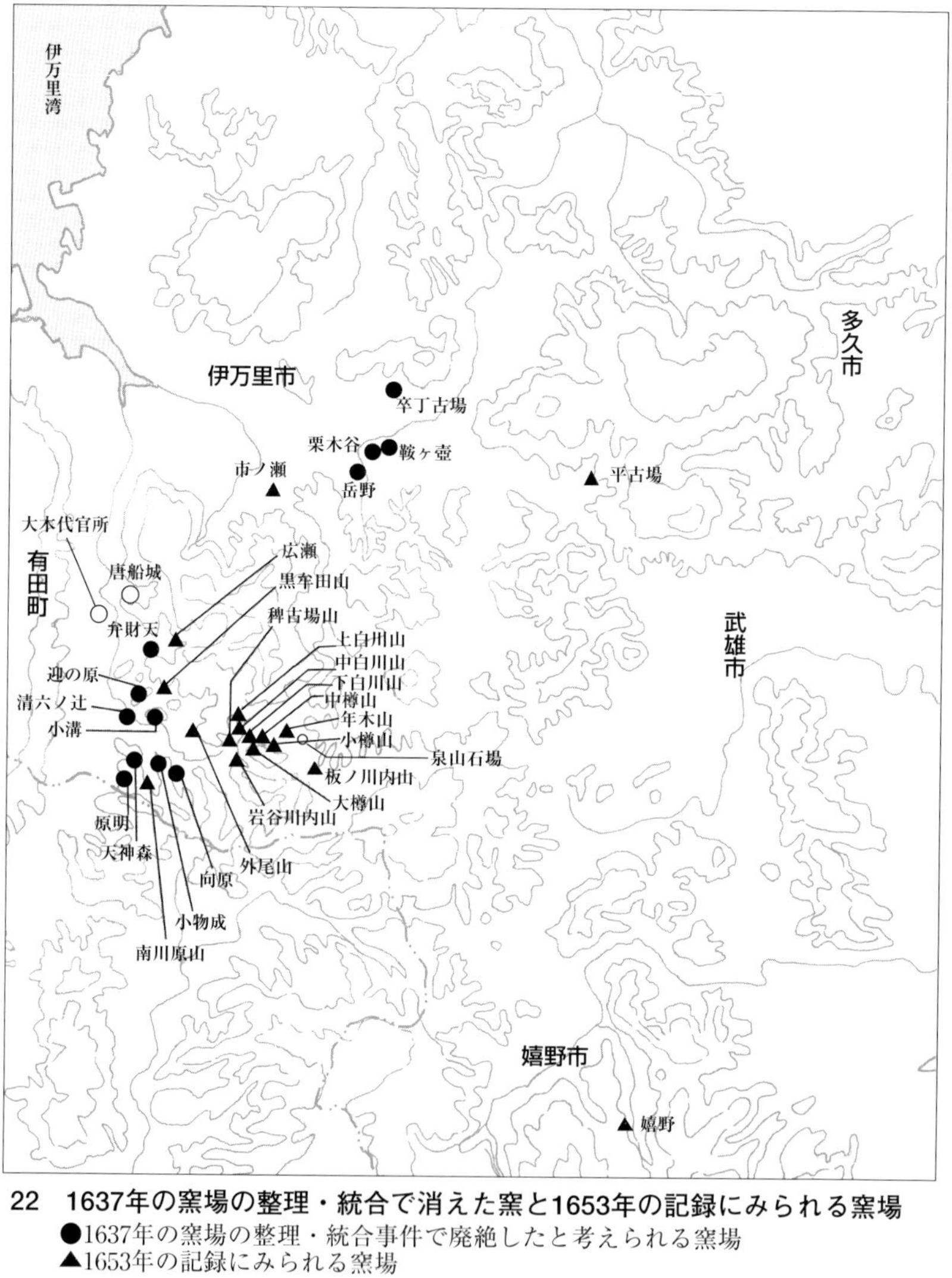

22　1637年の窯場の整理・統合で消えた窯と1653年の記録にみられる窯場

●1637年の窯場の整理・統合事件で廃絶したと考えられる窯場
▲1653年の記録にみられる窯場

白磁、瑠璃釉、鉄釉、辰砂などがあり、一六三〇年代頃には青磁も作り始めた。しかし、こうした一三〇〇度以上の高火度で焼く本焼焼成による磁器までであり、本焼素地の釉の上に赤、緑、黄などの色絵具で文様を描き、七〇〇度くらいの低火度で焼き付ける色絵はなかった。しかし、この色絵は付加価値のもっとも高い磁器として中国で作られていた。中国では景徳鎮で始められ、一六世紀後半に始まる福建南部の漳州窯でも行われたし、景徳鎮の技術が伝播したベトナムでも焼かれた。しかし、朝鮮では行われなかったから、朝鮮陶工の技術で始まった肥前窯には色絵の技術がなかったのである。

一六世紀以来、景徳鎮の色絵は最高級の磁器としてわが国にも輸入され、上流階層が求めていた。一六二〇年代頃には天啓赤絵、その後の色絵祥瑞のほか、南京赤絵と呼ばれる色絵も景徳鎮産の彩り鮮やかな磁器として輸入された。一六三〇年代頃の将軍家にふさわしい最高級磁器として色絵祥瑞がある。そうした中国磁器の輸入が一六四四年以降の内乱で止まったのである。

鍋島家は将軍家献上のため慶長九年（一六〇四）頃には毎年、公儀調料を用意して長崎に来航する中国船から唐物を買い誂え、献上が始まった。その将軍家への献上にふさわしい中国磁器の輸入が止まったため、鍋島家としては将軍家に献上した中国磁器、すなわち景徳鎮の優れた色絵磁器などに代わる磁器を必要としたと考えられる。そこで将軍家献上にふさわしい磁器の開発が急務となったと推測される。当時、肥前磁器生産の中心地有田皿山は一三くらいの窯場があった。これは島原の乱がおきた寛永一四年（一六三七）に窯場の整理・統合が鍋島藩の政策として断行され、のちの有田内山中心の一三の窯場に統合されたのである。一三の窯場は『万御小物成方算用帳』から、次の通りである。

〈記録の窯場名〉	〈現在の窯跡名〉
外尾山	外尾窯
黒仁（牟）田山	山辺田窯
岩屋川内山	猿川窯
稗古場山	稗古場窯
上白川山	天狗谷窯
中白川山	中白川窯
下白川山	下白川窯
大樽山	谷窯か
中樽山	未調査（山小屋窯か）
小樽山	小樽窯
年木山	楠木谷窯
板ノ川内山	百間窯・窯ノ辻窯・ダンバギリ窯
日外山	この窯は現在どの辺の位置か不明
南川原山	樋口窯か

この中で、黒牟田山の山辺田窯中心に、初期色絵の大皿が作られたことが、発掘調査で確かめられている。

色絵の創始は酒井田柿右衛門家の赤絵始まりの「覚え」が早くから知られていた。この記録によって日本初の色絵磁器は一六四七年に初代柿右衛門（喜三右衛門）が始めたと説かれてきた。この記録には、

一、赤絵初リ、伊万里東嶋徳左衛門申者、長崎ニ而志いくわんと申唐人より伝受仕候。尤、礼銀凡拾枚程指出申候。左候而、某本年木山に罷居候節、相頼申候故、右赤絵付立申候へ共、能無御座候。其後段〻某工夫仕、こす権兵衛両人ニ而付立申候。左候而、かりあん参候年六月初比、右赤絵物長崎持参仕、かうじ町八観と申唐人所へ某宿仕、加賀筑前様御買物師塙市郎兵衛と申人ニ売初申候。其後も、赤絵物唐人・おらんだへうり候儀某売初申候。

一、金銀焼付候儀、某付初申候。諸人珍敷由申候。丹州様御入部之節、納富九郎兵衛殿御取次を以、錦手富士山の鉢、ちょく相副献上

23　青磁葉文大皿

肥前　1650～60年代　口径37.4　高8.6　高台径10.5
佐賀県立九州陶磁文化館所蔵　柴田夫妻コレクション

中国・龍泉窯の青磁の技術を導入して作られたもの。デザインだけでなく、底部の窯詰め時の道具熔着痕も似通っている。

仕候。其節、御目見へ被仰付候。其後、錦手
道具、中原町長右衛門・吉太夫長崎へ持参仕
候。以上。

喜三右衛門

とあり、できた色絵を一六四七年六月初め頃に長崎に行って売ったことが記されている。よって伊万里の陶器商人東島徳左衛門が中国人に金を払って色絵の技術を伝授され、有田の年木山にいた柿右衛門に教えなかなかうまくいかなかったが、呉須権兵衛とともに色々工夫したのは一六四七年六月以前と推測できる。陶器商人が動いたのも、中国から色絵磁器の輸入が激減したことが、色絵の開発に突き動かしたきっかけであろう。また色絵の技術を知った中国人が長崎にいたというのも偶然とは思えない。やはり生産地の中国南部が戦乱に巻き込まれ、それを避けた陶工が海外流出したと考えられ、一六四四年以降のことであろう。ちょうど一六四六年五月に清軍が景徳鎮窯のある江西省饒州府を攻略する。つまり一六四六年頃の中で中国の色絵技術により肥前で色絵の技術開発が行われたと推測される。一六四〇年代の中で色絵素地になりうるものが出土する窯跡は少なくないから、色絵の技術はたちまち有田の中で広まったと推測される。

また『柿右衛門文書』では長崎で中国人からと記されるが、この頃から一六五〇年代頃にかけて、色々な技術が中国的に変わるのである。しかも景徳鎮の技術だけでなく、青磁については明時代最大の青磁窯であった龍泉窯の技術が導入されていること（図23）、製品をみてもわからないような窯詰めの道具までが中国的に変わることから、複数の中国の技術者が有田に来たことが推測できる。一六三九年以来わが国は鎖国に入ってい

たから、基本的に外国人の行動は自由ではなかったはずである。有田に中国の陶工が入ったとしても、記録に残せることではなかったに違いない。

また、この時期に中国人陶工が有田に来たのは中国南部の窯業地帯が内乱に巻き込まれ、疲弊したからと考えられ、もっとも陶工が海外流出しやすいときであったからである。このように、中国の色絵輸入が途絶えたため、中国から技術導入し、試行錯誤の末、一六四七年六月までには出来上がり、色絵の技術は一六四〇年代後半の中で有田中に広まったと推測できる。色絵は有田だけでなく波佐見の三股窯でも行われた可能性があり、三股古窯で出土した大瓶で色絵が施された例がある。

色絵の代表的な大皿、特に技術的に難しい四〇センチくらいの大皿を作り出したのは山辺田窯であり、初期伊万里の厚手の口径四〇センチを越す大皿を作り出していた窯の中で行われた。しかし、厚手で高台径も小さい朝鮮的な成形とはまったく違い、器壁は口から底部まで大差なく薄手でシャープに作られ、高台径も景徳鎮と同様に大きいのである。釉も薄くかけられ、白さが強い色絵素地を作り出した。『柿右衛門文書』に、なかなかうまくいかなかったが「呉須権兵衛」とともに工夫して成功したとある短い文章の裏には、こういう景徳鎮と同様の素地作りを「呉須権兵衛」が担当したかのようにも想像される。あるいは中国系の成形技術を身につけた陶工かもしれない。この山辺田窯で顕著にみられた景徳鎮に近い素地に色絵を施した色絵開発に、初代藩主勝茂が関わっていた可能性をうかがわせる重要な資料が発見された。(注23) 一九九八年のこと、鍋島報效会に保存された勝茂伝来の磁器の中にあった。後に作られた鍋島家所蔵品の目録によれば「南京焼鉢二枚」とあり、一つは景徳鎮の、当時最高級の色絵大皿（図29）であったが、もう一点はそれを手本に作ったことの明らかな有田の初期色絵（図30）であった。型打成形で形もほぼそっくりに写している。染付の地文なども含めて忠実

24　色絵牡丹鳥文大皿（青手）
肥前・有田窯　1650年代　口径38.0　高9.2　底径16.1
佐賀県立九州陶磁文化館所蔵　柴田夫妻コレクション

器面を赤以外の色絵で塗り埋めたものを青手と呼ぶ。

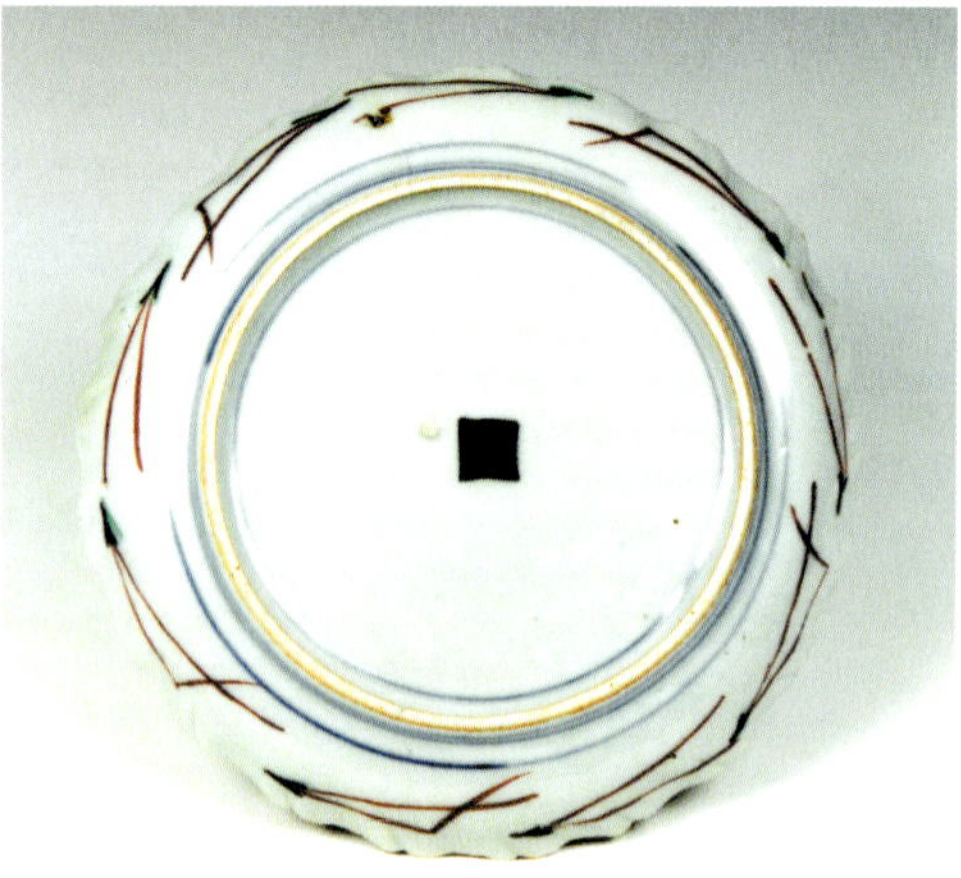

25　色絵藤鳥文捻輪花皿

肥前・有田窯　1650～60年代　口径14.4　高2.1　底径9.8
佐賀県立九州陶磁文化館所蔵　柴田夫妻コレクション

山辺田窯ではない東部の年木山ではこうしたシャープな成形の色絵が作られた。

に写した素地であるが、高台内の「大明嘉靖年製　福」という、色絵祥瑞が用いた銘は写していない。高台内に二重の圏線を染付けしているが、これも景徳鎮の大皿を写した結果である。高台内に二重の圏線を染付けするのはこの初期色絵など一六四〇〜五〇年代初にみられる特徴であり、その後は一重圏線になってしまうからである。景徳鎮の大皿でも窯傷があり、緑で塗って隠しているが、有田の大皿も口縁の窯傷を色絵で傷隠ししている。高台径を景徳鎮並みに大きくすると、底垂れを起こすのが普通なため、下からハリで支えをする技術を開発するが、本例は景徳鎮がしていないのでハリ支えなしで焼いており、少し垂れがみられる。将軍家献上を主目的とした鍋島焼は、ハリ支えのように傷が生じるのを嫌った焼物であり、その意識が開発期からあったのかもしれない。一方、山辺田窯で底垂れを防ぐためのハリ支えの窯詰め技法を考案したものと考えられるが、その初めは後のように磁器原料でなく窯道具などと同様の耐火粘土を用いたハリであり、熔着痕は褐色となる。おそらく五〇年代には磁器土を使った白い熔着痕のハリとなる。肥前磁器独特のハリ支えの技術がもっとも付加価値の高い色絵磁器の素地開発の中で生まれたのも至極妥当といえる。

このように初期伊万里の窯の中で、新たに景徳鎮磁器並みの技術をもった陶工によって最高級の色絵磁器が開発され、初期伊万里と一緒に焼かれた。

こうした優れた磁器は、新たに築き直した一六五〇年代頃と考えられる窯になるとみられなくなる。代わって初期伊万里に近い荒々しい作りで、高台径も比較的小さい白磁素地が多くみられ、出土した色絵もそうした染付が施されない白磁素地に赤以外の濃い緑、青、黄などを黒線の上から塗り埋めた青手様式（図24）などである。もちろん赤を加えた五彩手もあるが、やはり素地は染付のない白磁であり、全体に荒々しいことに変わりはない。他方で東部の年木山などでは薄手の景徳鎮並みの色絵（図25）が作られたが、なぜ、一六五〇年代

26　染付色絵群馬文変形皿（鍋島焼）
肥前・有田・岩谷川内藩窯　1650～60年代　口径16.5×12.5　高2.5　高台径10.0×7.1
佐賀県立九州陶磁文化館所蔵（佐賀県重要文化財）

に入ると山辺田窯では優れた色絵から後退した色絵になるのか。山辺田窯から優れた色絵大皿を作った陶工が何らかの事情で消えたと考えざるを得ない。

この理由と思われるのは、有田民窯とは別格の鍋島焼の成立である。ちょうど一六五〇年頃に将軍家献上を目的とした鍋島焼の開発が行われ、出来たものは一六五一年六月に将軍家光の内覧を受け、その結果、その年の一一月か、翌一六五二年から献上を始めたものと推測される。将軍家献上用の開発には有田の優秀な陶工を抜擢したものと考えられる。後の元禄六年の手頭にも、脇山、つまり有田民窯の優秀な陶工を集めるようにとのことが記されていることからも推測される。

つまり、最先端の技術である色絵の最高級のものを作り出した山辺田窯の陶工が、鍋島焼開発に抜擢されたのは極めて当然のことであった。その結果、山辺田窯から優れた色絵素地が消え、普通の粗放な素地を濃い色絵具で塗り埋める青手が考え出されたものと推測される。赤絵町ができる前の、この時期には山辺田窯など各窯の細工場（工房）周辺で色絵がつけられ焼かれていた。一六三七年の統合で出来た有田内山地区の中で、谷の入り口に近い所に岩谷川内は位置する。猿川渓谷に入る口にあり、泉山からはもっとも離れる。逆に外山の山辺田窯や大木の皿山代官所には近いという点、御道具山が多くの窯の中で混在するのではなく、それらのはずれに位置することは、技術的に別格のものを製作するには地理的に適していたのかもしれない。

唐物の優れた磁器が入らなくなったためであろうが、加えて外様大名が国焼を将軍家に献上したり、交際に用いている様子などがヒントになって、鍋島藩でも磁器の将軍家献上用品の開発に乗り出したと推測される。加えて中国磁器が入らなくなり、肥前磁器のみの状況となり、肥前磁器の価値が増幅したものと考えられる。中国磁器の輸入が続いていれば肥前磁器を献上用にとの発想は出てこなかったかもしれない。

2　将軍家献上用磁器の開発

鍋島焼の開発

それまで献上していた唐物が入らなくなり、それに代わる献上・贈遺品にふさわしい磁器製作の必要性が生じたものと考えられる。鍋島勝茂伝来品にある色絵祥瑞大皿はそれまで中国磁器を買って将軍家に献上していたものと同類品に当たるのであろう。この色絵祥瑞とそれを写した色絵大皿が組物で一箱に収められ伝来したことをみると、それまで献上してきた中国景徳鎮磁器とそれに代わる献上磁器開発にかかわる試作品と考えられる。これによって藩主勝茂は将軍家への献上磁器の開発に見通しができ、開発を進めたものと思われる。将軍家献上にふさわしい磁器としては、より完璧なもので余分な裏面の装飾のないものを作る方向性が打ち出されたものと考えられる（図26）。それは後の大川内鍋島藩窯の製品の特徴から推測できることである。出来上がったものを慶安四年（一六五一）四月一九日、将軍家光が「今利新陶の茶碗皿御覧ぜらる」。献上用の磁器を披露し、その結果で翌年、承応元年（一六五二）から岩谷川内御道具山で献上品製作が本格化したのではなかろうか。従来、この記録は将軍が伊万里焼をみたということで紹介されてきた。ところが『徳川実紀』では伊万里焼に関しての唯一の記載であり、しかも家光死去の前日という尋常でない状況の中であえてみるほどのものとするならば、単なる有田民窯製品というより、新たに開発された「新陶」が将軍家例年献上用の磁器としてふさわしいかどうかの内覧と考える方が自然である。後にも、鍋島藩主代替わりの際には、将軍家例年献上の内容についての伺いをたて、幕府の許可を得ている。鍋島藩主にとって「献上」は天皇・将軍家であるが、献上には「例年献上」と「随時の献上」があった。例年献上は毎年決った献上で、「月次献上」「年中献上」などともいった。これに対し、随時の献上は、年中儀礼的なものと、参勤交代の時や冠婚葬祭に関するものなどがある。ここで重要なのは制度化された「例年献上」であった。七代重茂は宝暦一〇年（一七六〇）一一月二六日に家督相続し一二月六日「年中御献上物御伺書、御用番へ差出サル、御伺書左ノ通」（『重茂公御年譜』）、八代治茂は明和七年（一七七〇）七月五日に家督相続し八月二八日「年中御献上物御伺、左之通被差出之」（『泰国院様御年譜地取』）のようにである。また安永三年には十代将軍家治好みの品十二通りが老中、側用人を通じて注文があり、試し焼きし、よいかどうかの内見を受ける必要があるから側用人まで差し出すようにとの命であった。その結果、合格し以後の鍋島焼例年献上品五品のうち二、三品をこの十二通りから含めよとの指示であった。このように例年献上の鍋島は将軍の内見や許可の上で献上が行われたことがわかり、これを止めるのも勝手にはできなかった。幕末に外国船が来航する長崎での防備の経済的負担が大きくなった鍋島藩は幕府に願い出て、安政四年（一八五七）、はじめて月次献上物を五カ年間「用捨」されたのである。よって、慶安四年の家光の内覧も例年献上の鍋島の内覧と推測できるのである。

つまり、中国磁器の供給が激減し、代わりの磁器を肥前が供給し市場が肥前磁器に完全に代わった段階で、幕府もオランダ同様に肥前の技術進歩を見はからっていたのであろう。オランダが一六五〇年からインドシナ半島に向けて輸出し始めたように、一六五一年四月将軍が実見したということは遅くとも前年の一六五〇年には鍋島藩による本格的試作が行われたと想像できる。

従来、鍋島焼は文献史料から寛永年間（一六二四～四四）に始まると考える説があったが、実物資料でその時代に該当するものがなかった。鍋島焼の始まりについて従来、寛永説の拠り所となっていたのは、一級史料ではないが、鍋島藩の御道具山役の役人であった副田氏の系図（『皿山創業調』所収）であった。それによると、初代副田喜左衛門日清の説明に、高原五郎七という名誉の焼物師の弟子となり、その後「有田岩谷川内へ移リ青磁ヲ焼出シ世上ニ発向ス。其頃　御献上始リ珍器品々焼立被　仰付、青磁ノ法人不知ニ依テ岩谷川内へ御道具山ト相唱焼立差上ル。然ルニ切支丹宗門御穿鑿厳敷《きびしく》、五郎七邪宗門ノ聞へ有之、御捕アル由承リ付、前夜逃去、行方不相知。青磁諸道具跡モナク、谷ニ投捨置シヲ日清、善兵衛ヲ引供シ青磁素焼物等拾集、水于シテ相考、青磁土兼テ伐出ス所ノ道筋尋届、色々工夫ヲ以漸サトリ、再ヒ焼出シ御用相成通出来立候。其末日清ハ手明鑓ニ被　召成御道具山役　仰付ラレ、善兵衛ハ細工人頭取ニ　仰付ラル。附承応万治年中迄御道具山岩谷川内ニアリ」とある。このように「其頃　御献上始リ」と「岩谷川内へ御道具山ト相唱」との記述があり、高原五郎七は後述するように元和頃に肥前に来住し、寛永一三年から末年の間にキリシタンの疑いで有田から逃亡したと推測できることなどから寛永頃と推定したものであろう。しかし、肥前磁器の変遷は、この二〇年くらいの研究の進展でいわゆる「初期伊万里」の年代は一六三七年前後で分けられるなど、細かく製品の年代的特徴がわかってきた。一六五〇年代の有田時代の鍋島が特定できるようになったにもかかわらず、それ以前にさかのぼるような年代推定ができる製品で例年献上の鍋島と考えられるものはないのである。仮にこの記述が事実としても、例年献上ではなく随時の献上品と推測される。鍋島が製作したのは、メインとなる例年献上のほか、随時の献上があり、そのほか、元禄の手頭にあるように「都合物」があった。都合物は将軍家ではなく大名、公家などへの贈答などが主であったと考えられる。このように「副田氏系図」の「献上」は例年献上ではないので、将軍家にふさわしい食器といえる後の例年献上とは違い、まさに「珍器」の品であり中国・景徳鎮にないようなものや、器種も皿・猪口に限らなかったと想像される。

高原五郎七は他の記録により、寛永一三年から末年の間にキリシタンの疑いで有田から逃げ去ったと推測できる。師を失った副田喜左衛門らはその後工夫し、再び焼き出し御用にも応じることが出来るようになり、副田日清は御道具山役に任じられた。

副田喜左衛門日清

副田日清、すなわち喜左衛門は京都の浪人といい、名工高原五郎七に学び、五郎七が寛永一三年頃キリシタン嫌疑で有田から逃亡した後、工夫して御用注文通りにできるようになった。その結果、副田喜左衛門が特別な立場にいたことは、『山本神右衛門重澄年譜』に正保四年（一六四七）、鍋島藩は、陶業者が山を切り荒らすとの理由で皿屋を廃止するという。これについて皿屋頭や副田喜左衛門が集められたのである。皿屋頭とともに特に記名されているところから有田皿屋の中で特別な生産リーダーであったことが推測できる。

これに関わる前後のいきさつはこうである。寛永一九・二〇年の大坂商人による山請けを経て、次の三カ年（正保元〜三年）は「皿屋中」が一カ年運上銀三五貫目ずつで山請けとなった。そうした後、正保四年、山を切り荒らすとの理由で皿屋を廃止するという。これについて皿屋頭らが集められ、運上銀を三五貫目の上に増額して皿屋の存続を願い出るかとの提案に対して、三五貫目さえ納めかねるので、廃止されても仕方がないということになる（『山本神右衛門重澄年譜』）。

27　青磁碗
茂手遺跡出土　肥前・有田窯　1620～1630年代　口径12.8　高7.0　底径5.6
武雄市教育委員会

28　青磁太鼓胴三足盤

中国・龍泉窯　15〜16世紀　口径29.0　高10.9　高台径9.6
佐賀県立九州陶磁文化館所蔵

さらに交渉が行われ、山本神右衛門は皿屋運上銀一カ年六八貫九九〇匁に目論見をして、皿屋中のものを集めて説得に当たった。このころ、焼物の車（轆轤）数一五五車、竈（所帯）数も一五五竈であった。これらの半分の七五人は神右衛門の目論見に応じたが、残る半分の七五人は廃業してもよいという。

この年、有田皿屋代官として山本神右衛門が任ぜられた。そして慶安元年（一六四八）、一カ年運上銀七七貫六八八匁を取り立てて納め、皿屋は上手にやれば多額の運上銀を取り立てることができることを記す。

このように有田皿屋の税は、一六四一年から四八年の八年間で約三五倍に急増したのであるが、この急増の裏には中国磁器の輸入激減で国内磁器需要が有田に集まったこととともに、一工夫あったことがわかる。

「青磁を焼き出し」とあるのは、あるいは鍋島忠茂が青磁茶碗を寛永元年頃、注文していることと関わりがあるかもしれない。有田では当初青磁を生産した形跡はなく、一六三〇年代、特に一六三七年以降の窯で一般的となる（図27）。朝鮮の陶工は母国では白磁を作っていたと思われる。しかし、一六世紀の朝鮮で青磁をまったく作っていなかったわけではなく、窯跡の調査で青磁もいくらか出土している例がある。よって青磁を作っていなかった、白磁だけの窯から陶工が来たとすれば、当初、青磁が焼かれなくて当然であろう。実際、一六世紀頃、日本にもたらされた朝鮮の磁器は確認されている限り白磁だけなのである。しかし、鍋島家の伝来品を見ても、明前期の青磁の香炉などが含まれているし、江戸時代に入っての大名屋敷の調査でも、二百年くらい前の中国・龍泉窯の青磁（図28）が出土するケースは少なくない。主に普通の食器としての碗・皿というより、香炉や水盤のような、いわば奢侈品が多いというのも、それらが青磁という種類がよい器種であったことを示している。水盤などは盆景、樹木などには青磁のほうが調和したからであろう。香炉も元は青銅器であったから、それに近い雰囲気の青磁をよしとする向きが多かったに違いない。この青磁の技術開発を高原五郎七が指導した可能性はある。岩谷川内で行ったということも、猿川窯で青磁が多く出土しており、碗も多いことから妥当である。

献上が始まり珍器の品々を焼き上げるのを命じられ、青磁の製法を人が知らなかったから、岩谷川内で「御道具山」と相唱えて焼き上げ、差上げたとある記述のあとで、しかも高原五郎七がキリシタン嫌疑で寛永一三年から末年までに有田から逃亡した後のことである。「再ヒ焼出シ」とあるから、献上品を岩谷川内御道具山で焼き始めてから高原五郎七逃亡の寛永末以降、時間をおいて後のことであろう。再び「御用」の注文通りできるようになり、その結果、副田日清は手明鑓に取り立てられ、「御道具山役」に任じられたとある。「御道具山役」に任じられたのは、将軍家例年献上の始まりもしくはその開発の始まりと考えるならば、承応元年以前で、それに近い時点の可能性が高いといえる。「御用」の注文通りできるようになったというのが、まさに将軍家例年献上の鍋島の開発を物語っているのであろう。鍋島勝茂伝来の色絵祥瑞を見本として作った色絵大皿などもここに含まれるのかもしれない。それに成功し、慶安四年四月の将軍家光の内見で承認され、その功績で手明鑓に取り立てられ、「御道具山役」に任じられたのであろう。おそらく翌承応元年（一六五二）からの例年献上が始まり、万治年間にかけて、つまり、四代将軍家綱時代に岩谷川内の御道具山で例年献上の鍋島焼が製作されたことを「附承応万治年中迄御道具山岩谷川内ニアリ」が示していると考えられる。

そして承応、万治年間（一六五二〜六一）まで有田の岩谷川内を御道具山として役人を配置したらしい。役人といってもトップ自体副田氏という技術をもった人のようである。次に、寛文年中（一六六一〜七三）、御道具山はより西の南川原に移るとある。さらに延宝年中（一六七三〜八一）、御道具山が伊万里市の大川内に移るとある。この大川内山の鍋島藩窯で作られた製品が、従来、刊行物等で鍋島と紹介されてきたものである。その前の、岩谷川内、南川原という有田時代の製品がどのようなものか、以前は根拠がなく、実物資料からすれば、大川内山移転後は明らかであったが、有田時代の製品の特定ができず、有田時代はないのではないかという見方もあった。近年、有田時代の鍋島製品が明らかになってきた。その一つは、従来、松ヶ谷手と呼ばれた独特の高級磁器である。いずれにせよ、岩谷川内御道具山製品（図31・32）は大川内山に移ってからの本格的鍋島とは共通点もあるが少し違うものである。

鍋島焼誕生の実態

以上のような、将軍家に献上するための鍋島焼の始まりについて改めてここでまとめてみると、佐賀初代藩主鍋島勝茂は、慶長五年（一六〇〇）の関ヶ原の戦いで西軍に荷担したため、敗戦後、徳川家康との関係修復は所領を安堵されるために重要な課題であった。そのため将軍家との外交は重要であり、茶の湯の他、江戸城に上るときの献上品にはことのほか気を遣ったのである。当時、鍋島勝茂は長崎に力を持っていたため、来航する中国船から珍重されていた唐物、主に景徳鎮の磁器や絹などを買って献上した。他の大名にはできない献上をすることが大事であったに違いない。この景徳鎮磁器の輸入が続いていれば鍋島焼も生まれなかったかもしれないが、一六四四年、中国の王朝交替に伴う内乱で中国磁器の輸入が激減する。こうして唐物の献上品の調達ができなくなると、代わりの献上品が必要となったのであろう。国内磁器市場は中国磁器の供給量も肥前磁器が穴埋めしたのであり、肥前磁器の存在がクローズアップされた時期でもある。鍋島藩はこの肥前磁器で景徳鎮に代わる将軍家献上用磁器の開発に乗り出したものと考えられる。将軍が使うにふさわしい食膳具である。

初代藩主勝茂伝来品にもみられる色絵祥瑞（図29）を手本に有田に作らせたものであろう（図30）。色絵の技術もちょうどこの頃、開発された。これは偶然の一致ではなく、両方ともに、中国が内乱で磁器輸出がほとんど止まったことが原因である。色絵の技術はそれまで肥前磁器にはなかった。その理由は朝鮮にこの技術がなかったからであり、朝鮮の技術者によって始まった肥前磁器にないのは至極当然のことであった。ところが当時、中国がさかんに行っており、最も付加価値の高い高級磁器として日本にも輸入されていた。その輸入が止まったのである。代わりの磁器を作る必要性が生じ、記録にあるように伊万里の陶器商人が動いて、開発に成功した。柿右衛門家に伝わる「覚」によれば、伊万里の陶器商人が中国人に金を払って色絵の技術を伝授され、有田の年木山にいた初代柿右衛門に教え、なかなかうまくいかなかったが、呉須権兵衛とともに色々工夫し、できた色絵製品を、正保四年（一六四七）六月初め頃長崎に持参し、加賀の御買物師に売ったとあり、輸出の途絶後、一六四四年から四七年の間に色絵磁器焼成に成功したものと考えられる。この有田で開発された色絵の技術を使ってそれまで将軍家献上に当てていたような、中国・景徳鎮窯の色絵祥瑞のような色絵ができるかどうかを藩主勝茂が試したのが、この二点一組の伝来品なのであろう。

こうして有田で開発された将軍家例年献上用磁器を将軍に内覧したのが慶安四年（一六五一）四月一九日であり、三代将軍家光が死去の前日であった。『徳川実紀』には「今利新陶の茶碗皿御覧ぜらる」とあるが、肥前磁器を将軍が御覧になった唯一の記録であり、のちに安永三年（一七七四）「将軍お好みの品」一二通りを鍋島藩に注文の際にも、試作品については内見を受ける必要があり、内見の結果「上出来」との評価を受けた。そして、例年献上の鍋島五品の中に二、三品を含めるようにとの指示があったことや、七、八代藩主の代替りの際には例年献上の内容についての許可手続きをとっている記録が残っていることからも、一六五一年の将軍

29　色絵山水花鳥文大皿（色絵祥瑞）

中国・景徳鎮窯　1620～40年代　口径34.1　高5.1　高台径22.5

（財）鍋島報效会（佐賀県重要文化財）

初代藩主鍋島勝茂伝来品として、図30と２枚１組で１箱に収められていた中国・景徳鎮窯の大皿。当時、将軍家への献上にふさわしい磁器と考えられる。

30　色絵山水花鳥文大皿

肥前・有田窯　1640〜50年代　口径34.5　高7.0　高台径22.5
（財）鍋島報效会（佐賀県重要文化財）

1644年以降、図29のような中国磁器が輸入されなくなり、藩主勝茂が有田の陶工の技術力を確かめるために図29の大皿を見本に作らせたものと考えられる。

31　色絵唐花文変形皿（鍋島焼）

肥前・有田・岩谷川内藩窯　1650～60年代　口径16.2×12.7　高2.7　高台径9.0×6.4
佐賀県立九州陶磁文化館所蔵

32　草創期の鍋島の窯跡出土品

有田町猿川窯出土
1650年代頃
左上以外は素焼段階での失敗・廃棄品。

33　色絵椿文輪花大皿

肥前・有田・岩谷川内藩窯　1650年代　口径38.5　高8.5　高台径19.0
（財）鍋島報效会所蔵（佐賀県重要文化財）

図34と共に２枚１組で伝わった藩主勝茂の遺物。鍋島焼開発過程で作られた１組と考えられる。あらかじめ椿文の輪郭を染付線で表したものであり、鍋島焼の特徴となる。

34　色絵椿文輪花大皿

肥前・有田・岩谷川内藩窯　1650年代　口径39.2　高9.5　高台径19.3
（財）鍋島報效会所蔵（佐賀県重要文化財）

椿文は白地に黒の輪郭線で表し、赤・緑・黄などの色絵具で塗ったもの。この方法は鍋島焼に採用されず、有田民窯に残る。

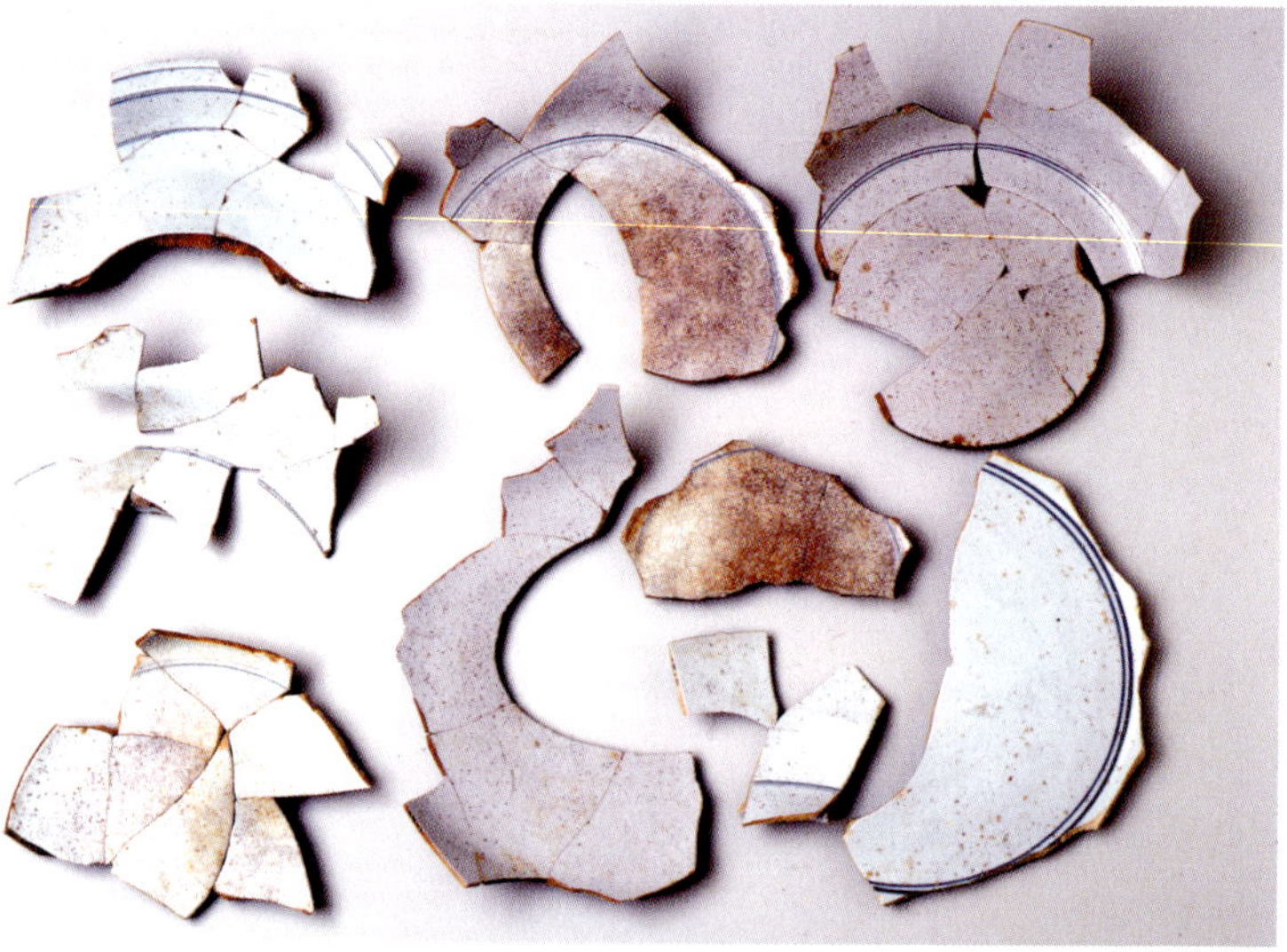

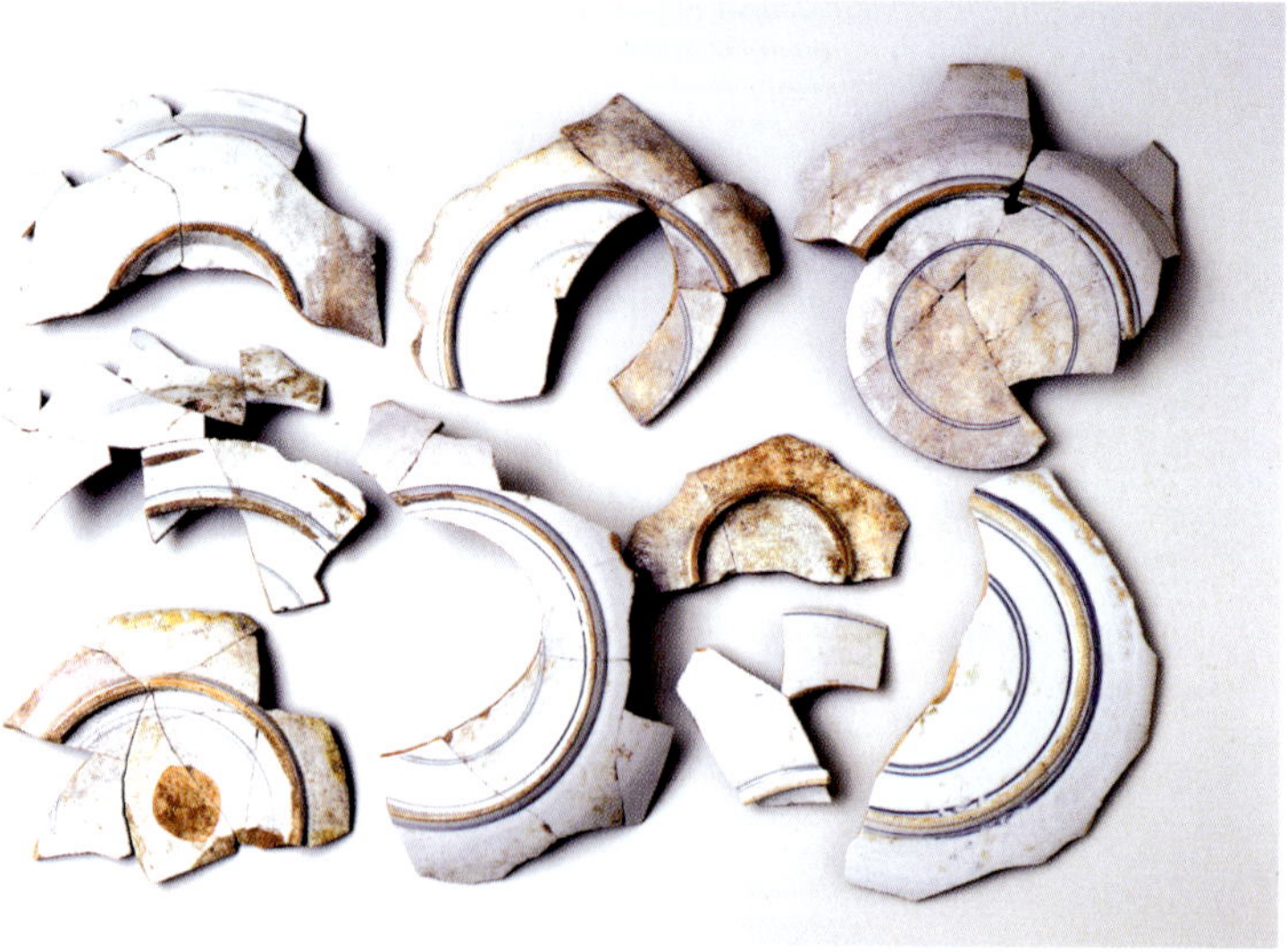

35　山辺田３号窯出土の色絵素地

1640年代
有田町教育委員会

色絵の素地として本焼窯で焼かれたもの。こうした素地に色絵で文様を表し、赤絵窯で低火度で焼き付ける。

が御覧になった「今利新陶」が、以後、例年献上となる鍋島焼の試作品であったと推測できる。

そしてそのことは記録だけでなく考古資料や伝世品からも裏付けられるようになった。それをご紹介しよう。筆者は神奈川県立博物館「鍋島」展（昭和六二年）図録以来、有田時代の鍋島焼の一つとして、従来「松ヶ谷」という誤った名称で分類されてきた中の一つのグループがそれに当たると考えてきた。しかし、この推論は「松ヶ谷グループの一つ」以外にもあるということを含みとして残したし、またこの一六五〇年代頃と考えられた「松ヶ谷グループの一つ」より古い年代のものの存在を否定する根拠をもたなかった。つまり、従来「副田氏系図」にもとづき寛永に始まるという説があったからである。しかしその可能性がなく、承応元年（一六五二）もしくは以後の近い年代に鍋島の例年献上が始まったと考えられることになった。この時期ならば将軍家の食膳具にふさわしい実物資料が存在するのである。例年献上の鍋島焼生産は一六六〇年代頃には伊万里市大川内山に移るのであり、図57のような従来知られていた鍋島らしい特徴をもつ献上品が作られ始める。

特徴は、製品には降灰の熔着痕などはみられず、おそらく一点ずつサヤに入れて焼かれたことが推測できることである。焼成時のサヤ詰め法は磁器の始まりとともにみられたが、初期伊万里の時代には小さい香炉などを入れて焼く程度であり、使用は限られ、初期色絵の大皿なども裸で窯詰めされたため降灰の熔着がみられるものが多い。ところが、一六五〇年代にはサヤの作り方も轆轤成形から輪積み成形に代わり、従って形状も鉢形から桶形に変わり、サヤを重ね積みすることがし易い形状となる。また輪積み成形は轆轤成形に比べてサヤの直径を大きく作ることもできるようになる。そのため一六六〇年代頃、大川内山で初期鍋島を焼く頃には口径二〇センチ台の中皿も増えるようになるのは新たな成形法のサヤが多用できるようになったからであろう（図36）。サヤ詰めも中国がさかんに行っていた窯詰め法であるから、一六四四年以降、中国の技術が急激に流入したなかで、この新しいサヤ詰め法も入ったものと考えられる。

こうした素地の特徴に加えて、色絵にも特徴がある。色絵では黒線と濃い寒色系の色を使うものと、赤線と明るい赤・緑・黄の三色を使うものなどがある。鍋島勝茂伝来大皿に黒線で輪郭を引いたものと、染付線で輪郭を引いた二種の色絵で同意匠の大皿（図33・34）が組み物であるなど、この時期は試行錯誤をしていた時代といえる。それが大川内山に移転すると、色絵の輪郭は黒線を引くものは消え、染付線に赤の輪郭線で明るい三色を使うもののみとなる。

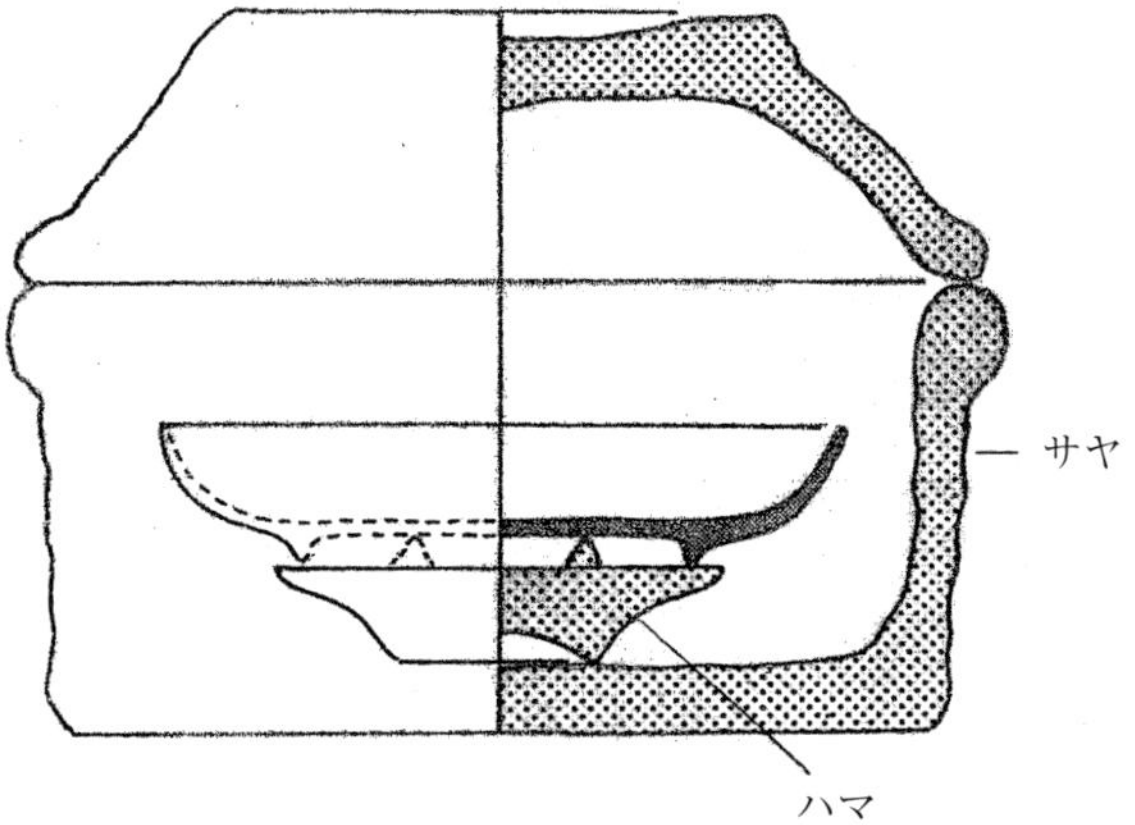

36　肥前磁器のサヤによる窯詰め法模式図（17世紀後半）

以上のような特徴に照らしてみると、有田時代の鍋島焼が抽出でき、現在のところ十数種類程度が知られている。一〇年程度の期間の将軍家献上品となれば、それほど多くの種類が伝世していなくても不思議ではない。そしてほとんどが口径一五㎝程度の皿であり、他に可能性が高いものとして筒形の猪口があり、この二つの器種が当初の献上の器種であったかもしれない。

盛期のように大きい皿がないことは、技術的な問題が大きいかもしれないが、もうひとつの理由として考えられるのは将軍であった。家光に代わって一六五一年からわずか十一歳で将軍となった家綱は大名屋敷訪問の御成や大名を招いての茶事も行わなかったから、宴の華となる大皿の必要性が生じなかったかもしれない。

ところが大川内山に移って初期鍋島になると、一サイズ大きい二〇センチ台の皿がかなりみられるようになる。そして尺皿もいくらか作り始めたらしい。五〇年代に尺皿の例がないわけではなく、勝茂伝来の大皿二枚がある。しかし、これらが例年献上されていたかとなると他に例が無く、その間のサイズの中皿も発見されていないからはなはだ疑問である。大川内山初期鍋島になって尺皿が作られ始め、例年献上に加わったとしても後半ではなかろうか。尺皿が例年献上に加わったのが確実になるのは元禄からの盛期鍋島の時代に入ってからである。これらは焼成技術と深い関わりがあるからである。有田でもっとも完璧な色絵として知られる柿右衛門様式の典型作が一六七〇年代頃出現するのもサヤ詰めなど焼成技術が背景にあるし、典型的柿右衛門様式には尺皿はなく、二〇センチ台以下が多いのもこのサヤのサイズに制約を受けてのことである。したがって藩窯、民窯それぞれで完璧な磁器をめざした鍋島焼、典型的柿右衛門様式とも、当時、サヤのサイズという同じ理由で大きな磁器が作れなかったのである。

山辺田窯の変化

山辺田窯は他窯とは違い、大皿（鉢）製作技術をもっていたために、一六三七年の窯場の整理・統合事件の際にも、周囲の窯が取り潰されながらも、外山の中で唯一残されたのであろう。山辺田窯跡群には九基の登り窯跡が発見されているが、そのうちで一六三七年頃に該当する窯は山辺田七号窯である。大名層が繰り広げた宴の見せる器としての大皿製作でこの時期、特別視された窯と考えられる。そうした染付の大皿（鉢）を作っていた窯の中で色絵の大皿の開発が行われた。一六四四年、中国磁器のわが国への輸入減の中で山辺田窯の窯も六号窯と三号窯あたりで量産を進めた。染付のよりラフな文様を施した大皿がたくさん出土していることが裏付けている。この三号窯で色絵素地となるまったく成形も白さも違う大皿が出土した（図35）。この窯の発掘結果がなければ、製作年代が違うものと誰もが考えるだろうし、実際、従来こうした特徴をもつ色絵大皿（図19・20）は古九谷とし、青手より後の一七世紀後半の製品と考えられていた。有田説をとる人もやはり年代は寛文（一六六一〜七三）以降とみる考えが普通であった。それが初期伊万里と同じ時代に作られたと考えざるを得ない証拠を得たのである。この結果、一六四四年に中国磁器輸入が途絶し、中国から技術を導入して色絵磁器の開発をし、『柿右衛門文書』にあるように、一六四七年頃には成功したと考えられるのである。有田では山辺田窯以外でも色絵磁器が出土し、色絵の製作が進められたと考えられるが、大皿を多く焼いた代表的窯として山辺田窯があるといえる。なぜ山辺田窯なのかであるが、やはり色絵の大皿の需要者は染付大皿を求めた需要層と共通するためであろう。ただし、ロクロで成形する技術などは明らかに違い、新しく最先端の技術をもった陶工が山辺田窯に参加したと考えられる。中国の技術者もしくはその技術を習得した陶工であろう。なぜか山辺田窯で最も新しい一、二号窯になると、こうした最先端の技術による色絵素地が姿を消すのである。見られる色絵素地は初期伊万里の特徴に通じる高台径が小さく、粗放な成形の素地であり、肌合いも初期伊万里に近い。つまりあまり白くなく、高台削りもシャープではない素地である。釉肌にも灰が熔着したり、白くない、より美麗ではない白磁素地である。染付線なども入らないのが特徴であり、そうした「汚い」といってもよい白磁素地の汚さを隠すかのように、全体を赤以外の濃い色絵具で塗り埋める装飾が現れる。これを早くから「青手」と呼ぶ。年代は一六五〇年代に入ると考えられる。そして、こうした特徴をもつ色絵大皿が、明暦二年（一六五六）に流刑地の八丈島で病没した元備前・岡山城の大大名宇喜多秀家にまつわる遺物の中に含まれていた（図9）。宇喜多秀家は豊臣秀吉の五大老の一人で関ヶ原の戦いで徳川家康方に敗れ、薩摩の島津家に身を寄せていたが、島津家と、前田利家の娘を妻としていた縁で前田家のとりなしによって死罪を免れ、八丈島に流されたのである。そのため、加賀前田家が秀家に対して仕送りをしていたのであり、秀家の存命中に当る時期の中国磁器や初期伊万里などの高級磁器が八丈小島の遺跡で多数出土しているのである。

山辺田窯では、なぜ、優れた色絵大皿から一六五〇年頃に粗放な素地を使った青手などの色絵に変わったのであろうか。ちょうど、この時期に岩谷川内御道具山で将軍家献上にふさわしい色絵の開発が行われ、できたものを慶安四年（一六五一）四月一九日、将軍家光の死去前日に内覧を受けているのである。おそらくこれでよいと認められ、翌年から例年献上が始まったと考えられる。この将軍家への例年献上用の鍋島焼生産に、当時、最高の素地作りを含む色絵技術をもっていた山辺田窯の陶工が抜擢されたために山辺田窯では急激な変化が起こったものと推測される。山辺田窯は一六五〇年代に青手様式の大皿などを作ったが、有田が一六五九年以降、本格的海外輸出時代に入ると、古い体質の窯であったからか、まもなく廃窯に至り、黒牟田山の中心は東側の多々良元窯に移ったのである。

また輸出景気で磁器の需要が増大するなか、黒牟田山の東側の谷合に応法山の窯場が新たにできる。一六五三年の『万御小物成方算用帳』記載の窯場名にはないから、一六五三年以降、一六六〇年頃までに新設されたものと考えられる。

輸出景気にわく有田は、一六六〇年代頃に窯業界の再編を進め、国内外の需要に応えていく。赤絵業者を集めて赤絵町を設け、窯は輸送のことを考えてか、有田地域の中でも西へ移動する傾向がみられる。つまり、当初は原料地の有田東端に位置する泉山石場寄りに設けられた窯場の年木山や板ノ川内山が、一六六〇年頃に廃絶し、代わりに西側の南川原山や応法山が新たに設けられる。伊万里港により近い有田西部、その先に海外輸出港長崎があり、輸送距離のより短縮を考えてのことと推測される。

当時の焼物運搬は人力であり、担い人が焼物をかついで有田から伊万里港まで五～一〇キロを歩いて運んだから、有田の東西の差の四、五キロの距離の違いは大きかったに違いない。

白川山の場合、谷奥の上白川山、つまり天狗谷窯が一六七〇年代頃には廃絶し、谷の口に位置する下白川山に中心が移っていき、のちには上、中、下とあった白川の窯場は「白川山」として統合されるなど、一七世紀後半の中で段階的に進んだのも海外輸出と関わりがあると思われる。

第三章

色絵磁器の変容　四代家綱時代（一六五一年～）

1　有田時代の鍋島焼

前述のように有田で将軍家献上の鍋島焼が始まったが、江戸は将軍権力が強かった家光が「今利新陶」（実は鍋島焼と考えられる）を内覧した翌日死去する。代わった家綱は一一歳で将軍となり、しかも病弱であったといい、幕閣の集団合議制で大名への厳しさはゆるみ、一七世紀でもっとも大名の改易が少なかった時代であった。さらに明暦三年（一六五七）の江戸の大火で江戸城も焼け、幕府は初めて倹約令を出し、将軍への拝謁時の献上品を少なくし、佳節のほかは贈遣しないようにと命じた。

一六五七年はちょうど初代藩主鍋島勝茂が死去し、二代藩主光茂が継いだ年である。幕府の倹約令は一六六二年、一六六六年にも出された。実はこの明暦の大火で江戸城は消失したのだが、その時に焼けたと推測される陶磁器が江戸城内の発掘調査で出土しており、その中に有田時代の鍋島焼小皿が発見されているのである。一六五七年以前に献上された鍋島を裏付ける重要な資料なのである。

なお、この江戸城出土の献上鍋島と同類品がすでに加賀・大聖寺藩江戸屋敷であった現東大構内遺跡病院地点で出土していたことに気づいた（図38の左）。東大構内遺跡では天和二年（一六八二）の大火の火災整理土坑で出土しており、他に瑠璃釉豆文小皿（図38の下）など、有田時代の鍋島が出土していることはすでに認識していた。[注24] しかし、天和の大火より以前に年代を限定できる明暦大火時の鍋島が、しかも江戸城で出土したことは大きい。この草創期の鍋島が江戸城以外に大聖寺藩江戸屋敷で出土したのには何か理由があるのであろうか。それは大聖寺藩主前田利治の妻が鍋島光茂の妻と姉妹の関係にあったことである。そうした密接な姻戚関

37　瑠璃釉陽刻豆文葉形皿（鍋島焼）
肥前・有田・岩谷川内藩窯　1650年代頃　口径17.2×10.8　高3.2　高台径10.6×6.3
佐賀県立九州陶磁文化館所蔵　柴田夫妻コレクション
同類品が図38下のように東大構内遺跡で出土している。

38　鍋島焼出土品　東京大学構内遺跡（旧大聖寺藩江戸上屋敷）出土

肥前・有田・岩谷川内藩窯　1650～1660年代

東京大学埋蔵文化財調査室所蔵

東大病院中央診療棟地点L32-1地下式土坑出土であり、天和２年（1682）の火災による廃棄と推定される。

係にある大名には早くから鍋島を贈答したことがわかる。

　このような状況からは一六五〇年代に将軍家への鍋島焼の献上が活発化したとは思えない。一六五九年オランダによる本格的輸出が始まり、鍋島藩はもっとも付加価値の高い磁器、色絵の技術者を集めた赤絵町を寛文（一六六一～七三）頃に設けるなど磁器生産の管理を強めた。赤絵町の成立は伝承から寛文頃といわれてきたが、調査からは五〇年代に遡る可能性も指摘されている。少なくとも寛文頃といっても、その初めの一六六一年頃の可能性が高く、そうした生産区域に手を入れたのも一六五九年からの本格的輸出への対応を考えてのことかもしれない。年木山など東の窯が消え西の窯が興るという窯の移動がこの前後に認められるのを海外輸出の本格化に結びつけて、すでに考察したことがあるが[注25]、赤絵町の形成も藩の対応の一つと考えられる。そうした窯業界再編に近い状況が生まれた時期に、有田から伊万里市大川内山に献上品生産の拠点を移したことはもっとも順当な時期といえよう（図39）。

　つまり、鍋島藩が御道具山を有田から北方約五キロの伊万里市大川内山に移した理由は幕府との関係というよりも、本格的海外輸出が始まり、有田窯業界の再編、赤絵町の形成など生産流通と技術の管理体制を強めるなかで、別格の御道具山を有田民窯から切り離して技術の秘密保持などの管理をし易くしたものと考えられる。有田と切り離され、峻険な山に囲まれた小さな谷あいで細工人を役所内に囲い込んだ藩窯は製品自体にも有田民窯との差が顕著になっていく。

　将軍家が用いる食膳具であるから、他所にも同じようなものがあることは好ましくない、もしくは許されない特別な磁器であることが求められたに違いない。のちにも、元禄六年の藩主光茂の手頭に「献上之陶器之品脇山ニて焼立商売物ニ出シ候てハ以之外不宜事候」と、将軍家献上用陶器と同様の品が民窯で作られ流通する

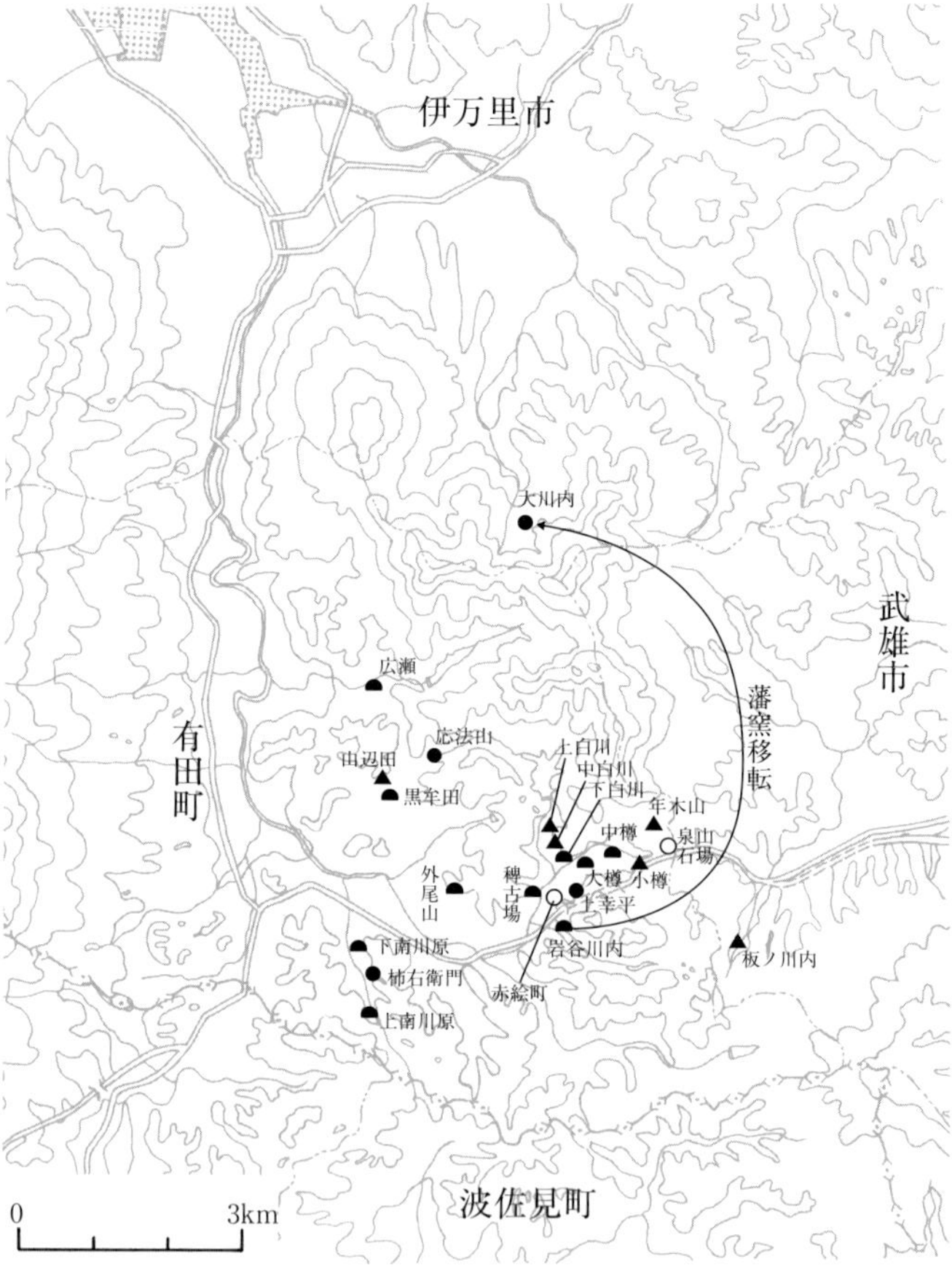

● 1653年の「万御小物成方算用帳」に記載され、かつ、その後も存続する窯場

▲ 1653年の「万御小物成方算用帳」に記載されるが、1660年代頃を境に廃絶する窯場、もしくは窯跡

● 1653年以降に出来た窯場、もしくは窯跡

39　窯場再編地図

ことは許されないから、民窯の陶工達は大川内山にみだりに出入りさせないように命じている。また、一八世紀の有田『皿山代官旧記覚書』天明七年（一七八七）にも大川内鍋島藩窯の「胼焼《ひび》」と同様の焼物を民窯の志田山で作っていたのが差留められている。大川内山移転以後、製品自体にも有田との差が顕著になっていくのである。

岩谷川内御道具山製品と推定できるのは、有田町猿川窯出土品中にある、高い温度で素焼をしたと考えられる変形皿（図32）である。裏面には文様を入れないものが多く、ハリ支えはなく、高台畳付は三面丁寧に削り出すなどの特徴がある。色絵では黒線と濃い寒色系の色を使うものと、赤線と明るい三色を使うものなどがある。鍋島勝茂伝来大皿に黒線で輪郭を引いたもの（図34）と、染付線で輪郭を引いたもの（図33）の二種の色絵で同意匠の大皿があるなど、この時期は試行錯誤をしていた時代といえる。それが大川内山では黒線を引くものは消え、染付線もしくは赤の輪郭線を引いて明るい三色を使うもの（図57）のみとなる。

また、わが国の食膳具としてもっとも基本的な五寸程度の皿が主であることは、岩谷川内山の猿川窯出土品で確認できる。鍋島焼の将軍家例年献上が、一八世紀の場合、鉢二個、大皿二十個、中皿二十個、小皿二十個、猪口二十個の五品とあるように、実際、鍋島焼のほとんどが七寸（大皿）、五寸（中皿）、三寸（小皿）の皿であり、次が猪口、次が大皿（当時は「鉢」という）が主な器種である。これは食膳具であり、日本人の食事形態から必要な器種であった。ただし、有田民窯などでは碗と五寸程度の小皿がもっとも主要な器種であったから、鍋島焼の場合、碗でなく猪口が入っていることは注意しなければならない。将軍の食膳や御成などのセレモニーでは碗形態は漆器が使われたのかもしれない。

高台内に文様・銘を施さず、ハリ支えもないのは鍋島が有田民窯と一線を画する共通項であった。これは献

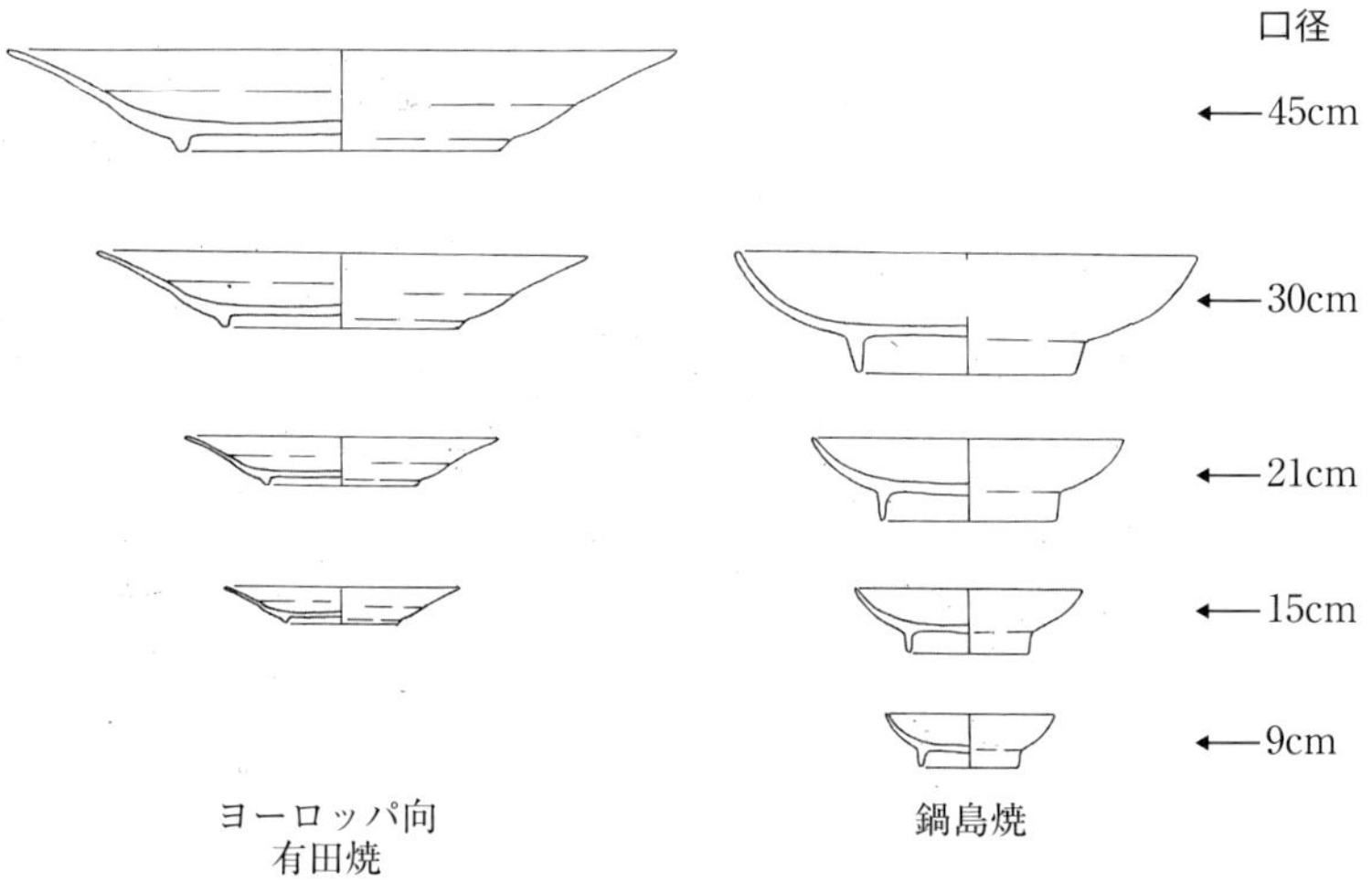

40　鍋島焼と有田民窯（欧州向け）の皿の違い

将軍家への献上を主目的とした鍋島焼と、ヨーロッパの王侯貴族向けの有田民窯の皿の器形上の違いは大きい。

上用は傷を極力排除することが求められたのであろうし、銘など余分な装飾は不要であったに違いない。ハリの熔着痕も傷には違いなく、歪みほどではないにしても排除の対象になったのであろう。歪みがなく、ハリ支えを使わないで完全に焼き上げる方法として、素焼とサヤの使用が不可欠であった。実際大川内山の初期鍋島を焼いた窯である日峯社下窯と、有田町南川原の有田民窯で最高級品を焼いた柿右衛門窯跡では多量のサヤが出土しており、当時の窯でもっともサヤを多用した窯の代表としてあげられる。有田時代の鍋島焼の特徴の一つである高台畳付を三面削り出すことは下に敷かれた砂が熔着するのを防ぐ効果があり、これも傷を生じさせないための方法の一つである。

「副田氏系図」に記される南川原御道具山があったかどうかは不明であり、あるいはすでに寛文期に大川内山で御道具山としての製作が始まっていた可能性も日峯社下窯跡の調査結果から推測される。

大川内山御道具山で初期鍋島が製作されたが、その特徴は岩谷川内時代の特徴を引き継いでいる部分として、高台三面削り、高台内無地、ハリ支え痕なし、小皿が多いことなどである。一方で、黒線、寒色系の色絵具を使うタイプは消え、赤線もしくは染付輪郭線に赤・緑・黄の三色になること、小皿に加えて中皿も比較的目立ってくる。高台は高いのがふつうになり、その高台に高台文様を施し、裏文様を入れるものが多くなる。この高台の高い皿の製作はあまり時間差のない寛文期に南川原の柿右衛門窯で少なからずみられる。あるいはそうした南川原で出来上がっていった高い高台と、そこに文様を入れる技術などが、南川原御道具山の伝承になった要素かもしれないが、技術の質からみると御道具山の移転は、

岩谷川内山→南川原山→大川内山というよりも、

岩谷川内山→大川内山→
　↘南川原山↗

のような御道具山の一部が南川原山にいったん分離し、高い高台、高台文様などを開発した後、大川内への合流の状況があった可能性が高い。しかし、南川原山の窯跡では将軍家例年献上の鍋島焼を製作した形跡はまだ確認されていないのである。つまり、将軍家への例年献上品を焼いた窯は現在のところ岩谷川内山から大川内山であったと考えられる。

このように一六五〇年代に将軍家例年献上用の鍋島焼生産が始まり、一六九〇～一七二六年に盛期を迎える

が、この時期は、ヨーロッパ輸出が活発に行われた時代でもあった。次に有田民窯の状況をみてみよう。

2　有田民窯のヨーロッパ輸出

国内向けに和様の意匠

一六四四年以降、中国の王朝交替に伴う内乱で中国磁器の輸入が激減する。中国磁器に替わって肥前磁器は日本の国内磁器市場を独占するようになり、輸入されなくなった中国磁器の影響も薄れていくとともに、日本人の美意識にもとづく意匠が多く生まれた。

重要なものには、「間」と呼ぶ、背景の生かし方がある。白い地肌の工夫で、一六七〇年代には柿右衛門様式が成立するが、その他にも、背景を別の釉で埋める方法も行われた。図41のように鉄釉の一種でガラス分を少なくした銹釉と呼ばれる釉によって夜の梅を表したものもある。また図42は背景に青磁釉を掛け、清冽な水の中に鮎と水草を表すのである。

また、図43のような非対称の意匠構成も日本的である。偏った異様な行動や風俗から歌舞伎の名称のもとにもなる「傾（かぶ）き者」と呼ばれる人々が日本で流行ったように、偏った意匠構成を好む傾向もあった。

さらに、文様にも日本的な文様が次々に出てくる。図58の蜘蛛の巣や水車、富士山、図44の月に薄などである。

こうして、一七世紀後半といえば磁器はまだ庶民には高嶺の花であったが、上流階層の中で高い評価を受けたのである。

41　銹釉染付梅樹文皿
肥前・有田窯　1650～70年代　口径14.3　高2.4　高台径9.0
佐賀県立九州陶磁文化館所蔵

柿右衛門様式の成立

中国の内乱で中国磁器の輸出が激減したため、清朝に抵抗を続ける鄭氏らの中国船によって、正保四年（一六四七）頃から肥前磁器がインドシナ半島に向けて輸出され始める。海上で貿易活動を続けながら清朝に抵抗する鄭氏に対して、清朝は貿易禁止令を発布して対抗する。中国磁器の輸出がなかなか再開されないため、オランダ東インド会社は一六五〇年代には東南アジアまで肥前磁器を運ぶ程度であったが、万治二年（一六五九）から本格的に西アジアやヨーロッパにまで肥前磁器の輸出を手がけることになる。肥前磁器を輸出したのが何故この両国なのかといえば、寛永一六年（一六三九）から日本は鎖国に入り、日本人の海外渡航を禁ずるとともに、長崎に入港し貿易を許可されたのは中国船とオランダ船だけであったのである。

オランダ東インド会社からの厳しい品質注文を受けながら、有田民窯は技術進歩を遂げた。当初は中国景徳鎮磁器を見本として、景徳鎮磁器並みのものを作り出す。一方で中国磁器とも異なる新しい磁器注文もあり、「雪のように白い」磁器などが求められたためか、白い磁器が作られる。白磁の場合、中国福建省南部の徳化窯の象牙白とも呼ばれる白磁が明末にヨーロッパに輸出され好評を博していた。よってそうした福建省の白磁合子や香炉も見本として提示された可能性が高い。

こうした温かみのある乳白色の白磁で、成形も型を使った鋭いものを作り、焼成には一点ずつサヤに入れて、完璧な素地を作り出す。それを実現したのが柿右衛門窯である。この白磁素地を「乳白手《にごしで》」（濁し手とも）と呼ぶ。乳白手の素地は釉薬から徹底的に青味（鉄分）を取り除き、薄くかけたものであり、この釉薬で染付した場合、呉須は青く発色せず、黒ずんでしまう。つまり染付に用いる釉は微量の鉄分を含んでいる青味を帯び

42　青磁染付鮎文三足皿
肥前・有田窯　1670～80年代　口径15.9　高3.7　底径9.3
佐賀県立九州陶磁文化館所蔵　柴田夫妻コレクション

た釉なのである。乳白手と染付は両立しないのである。そのためか柿右衛門様式の乳白手素地に肉迫する磁器を作り出したマイセンでも有田の染付を写した皿の青色は、釉上の色絵の青で表現した。マイセンの素地と釉で染付しようとすると青が黒くなってしまうのである。(注26)

一六七〇年代頃、乳白手による柿右衛門様式の色絵は出来上がる。温かみのある乳白色素地に繊細な筆使いで、鍋島焼と違い、黒線で文様の輪郭や葉脈などを引いて赤・緑・青・黄・金、そしていくらか紫などの色絵具を用いる。鍋島焼は幾何学文様などを多用したり、自然界の題材を使った場合も円形画面に収まるように大きく改変し、現実のものとはかけ離れた意匠に作り上げている。それに対し、柿右衛門様式はより現実的な意匠表現である。そして、器形的には、鉢と壺は盛期以前の鍋島が基本的に作らなかった器種であり、柿右衛門様式の鉢と壺はヨーロッパの王侯の需要にもとづいて作られたものであろう(図45〜47)。

ヨーロッパの王侯向け磁器

典型的な柿右衛門様式の壺(図47)は総高三三センチ程度が最大であった。これもサヤの大きさに制約されてのことであろう。

ところが、柿右衛門様式の影響を受けた有田で乳白手でない大きな壺が作られる。傘持人物文大壺のような壺であり、蓋がつくと総高五〇センチを越す壺であり、しかも壺三点と花瓶二点の五点セットで作られるのである。この壺・瓶の五点セットが有田に注文され始めた理由は、次のことが考えられる。

一六八五年の幕府の長崎貿易制限令で、オランダ船による公式貿易での磁器輸出が減退する。それに対し、脇荷と呼ばれる私貿易の額も決められたが、オランダはこの私貿易で磁器輸出を主に行う。これはオランダ東

43　染付色紙花唐草文瓢形皿
肥前・有田窯　1660〜70年代　口径24.4×23.0　高6.0　底径16.2×14.4
佐賀県立九州陶磁文化館所蔵　柴田夫妻コレクション

44　染付月薄桔梗文皿
肥前・有田窯　1650〜70年代　口径22.5　高3.6　高台径13.2
佐賀県立九州陶磁文化館所蔵　柴田夫妻コレクション

インド会社は幕府によって貿易額が制限されたので、収益率の高い商品を重点的に輸出せざるをえなくなり、収益率が比較的少ない商品は私貿易に受け継がれたとみられるという。（注27）そして、それまでオランダ東インド会社は私貿易を制限する傾向があり、一六六七年にも「私貿易品は、船腹に余裕がある場合には積み入れて送ることを許す。ただしその貨物の嵩（体積）に応じて最低二〇％、最高三〇％の運賃および関税を支払わねばならない」という。（注28）つまり、一六八五年で私貿易が決まった貿易額になったために体積での制限意識が薄くなったことも一因かもしれない。ヨーロッパの需要と絡み合いながら、この頃から大型の壺・瓶五点セットの輸出が始まったのであろう。脇荷輸出で壺・瓶の五点セット（図49）が輸出されたことは、一七〇九年、壺二、二五六個、花生一、二八六個、一七一一年、壺九、六一九個、花生四、〇七六個、一七一二年、壺二、一八〇個、花生一、四九〇個と、それぞれ壺・花生がたくさん入っているし、常に壺の方が多く、一七〇九年、一七一二年の壺と花生の割合はほぼ壺三対瓶二の数量関係にある。つまり五点セットと同様であることから、この記録の壺・瓶は五点セットとして売ることができるような壺・瓶の数量関係で調達されたものが多いことが推測できる。

私貿易がさかんになったため、幕府は一六九六年、出島に脇荷専用蔵を二軒建てるほどであり、一七二三年までは脇荷輸出がさかんであったと推測される。まさにドイツ・ドレスデンのアウグスト強王が精力的に日本の磁器を収集していた時期がこの私貿易がさかんであった時期の中に入る。

このように壺・瓶の五点セットの注文・製作が始まったのは、一六八五年の幕府の長崎貿易制限令で、定額の私貿易に磁器貿易の中心が移る中で、大型品の注文も会社として認めるようになったことと、当時のヨーロッパにおける東洋趣味の下で、室内装飾用の大型磁器の需要が高まり、他者が所有しているものより大きな磁

45　色絵唐獅子牡丹文十角皿

肥前・有田窯（南川原山）　1670～90年代　口径24.3　高4.0　高台径15.1
佐賀県立九州陶磁文化館所蔵

典型的な柿右衛門様式は染付文様のない乳白色素地であり、型打ち成形で口部を花形に作るものが多い。その温かみのある白地を生かして絵文様を施す。

器を求める気運の高まりとが理由であろうし、あわせて壺・瓶の大型化も進んだものと推測される。

柿右衛門様式がヨーロッパで高い評価をえたであろうことは、マイセン窯が柿右衛門様式を重要な手本に作り始めていることからもわかるが、この一世を風靡した柿右衛門様式の色絵も一六九〇年代で急速に姿を消していく。

代わって金襴手様式（図48・50・51）が主流となるのであるが、その理由は何か。未だに断定できるほどの根拠はないが、一つは柿右衛門窯における世代交代、一つは前述の鍋島藩窯が一六九〇年代に五代将軍綱吉が御成をさかんに行う中でより優れた鍋島が求められ、元禄六年（一六九三）二代藩主光茂が鍋島藩窯に対してもっと良いものを作れと命じ、技術向上の必要から有田の優れた陶工が引き抜かれ鍋島の最盛期を迎えたこと、もう一つは元禄（一六八八〜一七〇四）頃を境に武家中心社会から町人中心社会に変動する中で、金襴手のような絢爛とした色絵が求められたことなどが考えられる。

色絵具にも変化があり、柿右衛門様式になかった黄みが勝った緑が現れ、青も淡い水色に近いものが使われるようになるが、特に黄緑は中国景徳鎮の康熙（一六六二〜一七二二）の色絵にみられる緑に似通っている（図50）。一六八四年の展海令で中国磁器が再びさかんに輸出される中で、その影響を受けた可能性が高い。

金襴手様式は基本的に文様の一部を染付した素地を使う。金の使い方が増えるだけでなく、染付の濃《だ》み塗り部分の上に金で細かい文様を描く。この紺地に金の線描きの装飾効果は、すでに一六六〇年代頃の輸出初期に瑠璃地や濃み地に金彩を施した技法で実績があった（もちろん、このときには金だけでなく銀や赤を加える場合もあったが）。柿右衛門様式時代に消えていた装飾を少し違う表現法で復活させた。

金襴手というのは中国の明代後期の金襴手を手本にしたものと考えられ、「金襴手」の名称もそれに由来す

46　色絵松竹梅文輪花鉢（柿右衛門様式）

肥前・有田窯（南川原山）　1680～90年代　口径19.2　高8.5　高台径8.4

佐賀県立九州陶磁文化館所蔵

47　色絵花鳥文六角壺（柿右衛門様式）
肥前・有田窯（南川原山）　1670〜90年代　口径13.0　蓋付総高33.1　高台径13.2
佐賀県立九州陶磁文化館所蔵

典型的な柿右衛門様式の壺はロクロ成形でなく粘土板を貼り合わせて作り、平底である。釉の青味を取り除いた乳白色の素地である。

48　色絵桐鳳凰文蓋付大壺
肥前・有田窯　1700～40年代　口径43　総高90　高台径20
USUI Collection

金襴手様式はふつう染付素地に赤・金を多用した色絵である。

49　染付牡丹文蓋付大壺・大瓶
肥前・有田窯　1700～30年代　口径40.4　総高70　高台径28.7
USUI Collection

欧州の宮殿などの室内装飾のために壺・瓶の５点セットが作られた。

る。実際、中国景徳鎮で金襴手がさかんに作られた嘉靖（一五二二〜六六）、万暦（一五七三〜一六一九）の年号を高台内に染付した例が多い。意匠的には柿右衛門様式に比べて、区画してその中を多くの文様で描き埋める。日本国内向けでは幾何学文様を多く使うが、輸出用ではいくつかの花卉文を対称的に配したり、幾何学文も図50・51のようにごく一部に使うものなどが主であり、使い方は日本国内向けより少ない。裏の丁子花や菊マークなども中国磁器の影響で輸出向け磁器に入れる。菊花文は日本人が好んだ文様でもあるが、ヨーロッパ向けにも少なからず使われた。

金襴手の中には、色絵の色数で金・赤二色のもの（図51）と、その上に緑・黄・青・紫などを加えたもの（図50）に大別できる。二色タイプは日本国内向けでは見られない。当然、多色タイプのほうが製作時間、コストもかかるため、相対的に価格が高かったと考えられる。

欧州王侯・貴族向け有田磁器の多様な意匠・器形・器種

中国磁器の輸出が激減したために、肥前磁器は代わってヨーロッパ向けの磁器を一六五八年頃から作り始める。肥前窯の中でも東南アジア向けは広い地域で作られたが、ヨーロッパ向けは基本的に有田民窯で作られた。オランダはヨーロッパで商品として売れるような器種・意匠の磁器を注文してきたと想像できる。つまり器種は、当時のヨーロッパの生活にもとづくものであった。よって、今では消えた用途の器も少なくない。

ヨーロッパ向けの肥前磁器は、食器類、コーヒー・茶・チョコレートの飲用器、酒器、調味料入れ、文房具、調度具、医療用品など多岐にわたる。この中でも、特に多いのは食器類と飲用器である。食器類をみると、一七〜一八世紀頃のヨーロッパの食事は口径二〇〜二五センチくらいの浅い皿と深い皿を主に使い、ナイフとフ

50　色絵菊文菊形鉢
肥前・有田窯　1690〜1730年代　口径24.9　高10.5　高台径11.5
USUI Collection

金襴手様式には赤・金のほかに、柿右衛門様式になかった新たな黄緑色や水色に近い青などを用いたものがある。

51　色絵菊花牡丹文皿
肥前・有田窯　1700～30年代　口径27.6　高4.4　高台径15.7
USUI Collection

ォーク、スプーンで食べる。ヨーロッパでも国によって差異はあったようであるが、フォーク、スプーンの普及は遅れ、一八世紀前半頃まではフォークでなく、指でつまんで食べることが多かったらしい。ナイフを使うから皿の形も扁平な皿が多く、少し深めであっても折り縁皿がナイフを使って切り分けながら食べるのに都合が良かったのであろう。仮に鍋島焼の皿の器形でナイフを使って食べようとしても使いにくかったであろう。

またヨーロッパでは日本のように飯碗を手にもち、箸で食べる食事形態でなかったから、基本的に日本の飯碗サイズの碗の需要はほとんどなかった。

皿が基本であり、その皿もいくつかのサイズがあった。明末・景徳鎮窯がヨーロッパ向け主力製品としていた芙蓉手皿でも同意匠の三〜四サイズの複数サイズのものが作られていたが、オランダはその三〜四サイズの皿を肥前に注文してきた。一六六二年の記録では、インドのベンガル向けに、「全寸の皿五〇枚、半サイズの皿一〇〇枚、一／四サイズの皿一〇〇枚」とあり、他に一／三サイズというのもあるように、オランダ商館が扱った肥前磁器の皿のサイズは全寸、一／二、一／三、一／四の四種類に大別された。これをこの時期の長吉谷窯の出土品でみると、同意匠で三〜四サイズの皿はやはり芙蓉手意匠の皿と考えられ、全寸とは口径四〇〜五〇センチ、高さ七センチほどの大皿、一／二サイズは口径三三センチ、高さ四・八センチほどの大皿、一／三サイズは口径二七センチ、高さ四センチほどの皿、一／四サイズは口径二〇センチ、高さ三・五センチほどの皿と推測できる（図40の左）。すなわち、このサイズは口径×高さの体積で表したものであり、当時、日本では皿の口径のサイズだけで、三寸（約九センチ）、五寸（約一五センチ）、七寸（約二一センチ）、一尺（約三〇センチ）と注文し作られたのと異なる。器についての考え方の違いが東西であったことがわかる。

52　染付雲龍荒磯文碗

肥前　1660～80年代　口径14.4　高7.4　高台径5.7
佐賀県立九州陶磁文化館所蔵　小橋一朗氏贈

東南アジア向けの代表的な碗。国内向けより大振りで、先行して東南アジアに流通していた中国磁器碗を手本として作り出した。

意匠はオランダが見本として中国磁器を持ってきたために、中国磁器を写したものも多い。ヨーロッパ輸出の初期の代表的な意匠が芙蓉手である。芙蓉手の皿は図55のように口縁部を折り縁とした大皿がふつうである。芙蓉手皿は一六九〇年代頃になると、中国明末の芙蓉手意匠の影響が薄れていき、かなり違った意匠の芙蓉手が作られるようになる。そのように中国色が薄れていった芙蓉手の皿に、オランダ東インド会社は会社用品として、会社の略称「ＶＯＣ」のマークを入れたものを作らせた。よってＶＯＣマーク入りの芙蓉手皿（図54）は一六九〇年代頃から十八世紀前半に作られた。ところが従来はこの年代を誤り、もっと早い輸出初期の一七世紀後半のものと考えられていた。窯跡の考古学的調査で肥前磁器の変遷・年代が細かくわかってきた結果、従来の年代の誤りが訂正された一例である。

一六九〇〜一七四〇年代は海外輸出時代の後半期といえる。色絵は金襴手様式となり、色数の多寡で二群に分けることができる。色数が多いほうがより高級であり、図55のギリシャ神話から題材をとったケンタウロス図はオランダが絵などをもとに注文したため、作られた意匠であり、陶工は絵の意味も知らなかったものと思われる。口縁部の独特の唐草文も注文で描かれたものと思われ、日本国内向けにはみられない。当時の技術上、大皿では口径五〇センチ台が最大であった。

現在も、ヨーロッパの宮殿・邸宅の調度品として残る、代表的なものは大壺・大瓶である。一七世紀末には蓋付総高が六〇センチ位であった（図56）が、一八世紀前半には蓋付総高が九〇センチ位の大壺（図48）まで作られるようになる。大型品のサイズは焼く窯の大きさにも制約されるから、蓋付総高九〇センチもの大壺の場合には蓋はのせずに別に焼いたらしい。身は六〇センチ台が最大であるため、高さを高めるためか、一七〇〇年代以前の壺（図56）に比べて蓋の甲を高く作り、さらにつまみを人形、獅子や高い宝珠形（図48）に作り、

53　染付芙蓉手花鳥文大皿

肥前・有田窯　1655～70年代　口径38.6　高7.9　高台径17.0
佐賀県立九州陶磁文化館所蔵

芙蓉手は欧州で大変好まれた意匠であり、17世紀前半に中国磁器の芙蓉手皿・鉢などが多量に輸出された。その代替品が肥前に求められ、輸出初期には中国磁器を写したものが多く作られた。

54　染付芙蓉手鳳凰文大皿（VOC銘入）
肥前・有田窯　1690～1730年代　口径36.2　高5.2　高台径17.7
佐賀県立九州陶磁文化館所蔵

55　色絵ケンタウロス文皿

肥前・有田窯　1700～30年代　口径26.5　高4.0　高台径14.4
佐賀県立九州陶磁文化館所蔵

ヨーロッパからの注文でギリシア神話に登場する半人半馬の怪物ケンタウロスを描いたもの。

56　色絵牡丹鳳凰文八角大壺

肥前・有田窯　1690〜1710年代　口径19.1　蓋付総高54.8　底径17.3

佐賀県立九州陶磁文化館所蔵

1695年（1697年説もある）に完成したとされるベルリン北郊外のオラニエンブルク城の天井画に、この作品と類似文様の八角蓋付壺が描かれている。

総高をより高くしたものと考えられる。これもヨーロッパ富裕層からのより丈の高い壺の需要と、肥前の技術的制約から生まれた形であろう。またこうした金襴手の大型壺・瓶はヨーロッパ向けに作られたのであり、日本国内には流通しなかった。

初期鍋島の製品　従来から鍋島の初期と認められた一群

大川内山の初期の鍋島製品については、日峯社下窯跡で出土した一群がある。その年代は一六六〇～七〇年代の可能性が強い。この段階の特徴として口径五寸、七寸程度の皿が多く、口径三〇センチくらいの尺皿はほとんどない。大川内鍋島や典型的な柿右衛門様式のように、歪みも傷もない完璧な素地を作ろうとするとサヤに入れて焼く必要があり、そうするとサヤのサイズに制限され、大型のサヤを作るのは難しかったせいか、同時代とみられる初期鍋島も典型的柿右衛門様式も三〇センチ台の大皿はわずかにみられる程度で、もちろん四〇センチ台の大皿はない。有田民窯は初期の一六三〇年代頃から四〇センチ台の大皿を作り出し、従来古九谷と呼ばれた初期色絵にも四〇センチ台の大皿があり、一六五〇年代の染付大皿で五〇センチ台のものがあるにもかかわらずである。

鍋島藩窯と有田民窯との関係であるが、基本的には、有田の技術の粋を集めて鍋島藩窯が成立したのであり、元禄六年（一六九三）に二代藩主光茂が出した『手頭』（指令書）にも「脇山江上手之細工人於有之ハ本細工所江可為相詰事、付前々ヨリ詰来候者ニ而茂下手之細工人ハ差置間敷事」とあり、有田から優秀な技術者が採用されたことが推測される。

また元禄六年の『手頭』によると、「献上之陶器毎歳同シ物ニ而不珍候条、向後脇山江出来候品時々見合珍敷模様之物於有之ハ書与取其方江可差出候（略）」とあり、将軍家への献上陶器が毎年同じもので珍しくないものになっている。よって脇山、つまり有田などで出来た磁器でも珍しい模様の製品があれば、有田代官まで申し出させ、藩庁の年寄や進物役に報告しその指図のもとに焼き立てるように指示している。さらに「跡方出来候成恰合令吟味当世ニ逢候様ニ仕立可申」とあり、勿論、出来上がりについても十分吟味させ、その時代にふさわしい磁器を作り上げることも命じており、有田民窯の意匠なども良いものは取り入れて優れた磁器を作ることを指示している。

しばしば誤解されるのは、鍋島は一番優れた磁器だからということで、鍋島のデザインが有田に影響を与えたという。ところが、実際は鍋島のように商業ベースでなく、将軍家などへの献上品は類似のデザインが一般にあっては不都合なのである。元禄六年の『手頭』でも「献上之陶器之品脇山ニて焼立商売物ニ出シ候てハ以之外不宜事候条、脇山之諸細工人大河内本細工所江猥ニ出入不致様可申付置事」とあり、それを防ぐため、民窯の陶工たちが大川内の細工所にみだりに出入りしないように命じている。そしてデザインの作り方は鍋島独自に考案するデザインと有田の意匠のよいものを取り込む場合があり、一方で鍋島が使うデザインは有田など民間窯で使うことを禁じることは『皿山代官旧記覚書』天明七年（一七八七）に「蓮池私領志田山大川内胼焼同然焼立商売仕候由、右ハ被差留候」とあり、蓮池支藩領の志田山で、大川内藩窯で作られたひび焼と同様のものが作られていることは禁じるというのである。実際、鍋島に描かれた文様要素をみていくと、蜘蛛の巣（図58・59）、水車など相対的に有田での使用が古いと考えられる文様が多い。確証はないが、その傾向は元禄六年（一六九三）の藩主の厳しい『手頭』以降に強まるように思われる。また『手頭』には献上物などが以前より「悪敷」くなっているので「向後之儀弥念精与入能出来候様、可相調旨目付之者副田杢兵衛、副田喜左衛

57　色絵薄瑠璃唐花文菱形皿

肥前・大川内鍋島藩窯　1660〜80年代　口径16.2×13.7　高3.4　高台径8.9×7.4
佐賀県立九州陶磁文化館所蔵

この色絵素地の陶片が伊万里市大川内山で出土している。

58　染付蜘蛛巣文八角皿

肥前・有田窯　1673～81年代　口径21.1　高3.8　高台径15.0
佐賀県立九州陶磁文化館所蔵

高台内に「延宝年製」の染付銘をもつ。蜘蛛巣文は有田で1650～80年代にかけて描かれたが、鍋島焼（図61）が採用すると、有田民窯ではひかえて消える。

59　染付蜘蛛巣文葉形皿（鍋島焼）

肥前・大川内鍋島藩窯　1690～1730年代　口径17.0×13.1　高3.5　高台径10.6×6.5
佐賀県立九州陶磁文化館所蔵

門江委細可申聞候、於此上も若不心懸又ハ紛たる儀有之而焼物不出来之段於顕然ハ其科可申付事」と御道具山役を代々勤めてきた副田杢兵衛を厳しく責めているのであり、前山氏の研究により、(注29)副田氏系図から杢兵衛は消し去られたのも、この責任をとって隠居させられ、喜左衛門政宣が残るが、「御道具山役」の名は消え、「大川内陶器方相勤」となる。これが副田杢兵衛の時に変わったことは間違いあるまい。とすれば他の資料から元禄六年から一五年の間と推測され、元禄六年の『手頭』後、御道具山役副田杢兵衛を免職させるだけでなく、組織も改変し、前述のようにそれまでの陶工の下手な者は止めさせ、優秀な民窯の陶工を引き抜くなどして徹底した改革を行い盛期の鍋島が成立したのであろう。なお、大川内山鍋島藩窯の管理組織の改変はその後、天明四年（一七八四）に行われ、鍋島藩の六府方に機構改革され、副田家の役割はなくなり副田家は大川内を引き払うことになった。

第四章

将軍綱吉の御成と「盛期鍋島」

鍋島といえばこれを指した

1　五代将軍綱吉による盛期鍋島成立の理由

延宝八年（一六八〇）五月八日家綱が死去し、異母弟の綱吉が継いだ。五代将軍綱吉政権はその初期には「賞罰厳明」と言われるほど政治不正に厳しい態度でのぞんだという。(注30) その結果、家綱時代より大名改易が多かったが、それは外様より譜代大名が多いのが特徴である。また綱吉政権は次第に将軍の個人専制が強まり、幕府の中で新たに設けた側用人を重用するようになる。さらに、かの悪法といわれた「生類憐みの令」を発布して人々を苦しめたことなどがある。

元禄元年（一六八八）に側用人となった柳沢吉保は、元禄八年（一六九五）、牧野成貞が側用人を引退するといよいよ力を増し、元禄一一年には席次が老中をこえ、宝永三年（一七〇六）には大老格となった。また幕府の財政は綱吉時代に窮乏著しく、元禄八年貨幣の質を落とす改鋳に踏み切ったため、インフレを招いて物価は混乱したという。しかし一面では、商品経済の発展による貨幣需要の増大に応じたものであり、大寺院建設など幕府主導の財政投資による経済の活性化策などは評価されるという。(注31)

そうしたなかで綱吉は側用人牧野成貞屋敷への御成を元禄元年（一六八八）四月二一日より始める。将軍御成の意思は正月二九日に伝えられ、用意が整えられた。三月一二日には近日牧野成貞邸に御成の旨、仰出されたが、「そのかみ井伊、酒井などいへる閥閲の家にはならせ給ひし先蹤少からずといへども、いまだ成貞がごとき家にわたらせ給ひしこと其例なし。成貞潜邸のときより輔導の職にあり。今また昵近年かさねて怠らざるをもて、ことさらに寵眷の盛慮より、かく仰出されしなるべし。成貞が身にとりて、いと有がたき光栄と、朝野うらやみのぞまざるものなし」（『徳川実紀』）と記され、過去の井伊、酒井（忠勝）などの将軍の信任が厚かった譜代大名の屋敷に御成を行った前例があるが、成貞のように側用人の屋敷に御成があった例はないとして、大変光栄であるとしている。またこの御成の規模については、元禄元年八月一五日に牧野成貞に金一万両が恩貸しされ、屋敷内で将軍のための御座所を新築し、また宅地を増し修理を加えるためと記される。

元禄四年（一六九一）三月二二日には柳沢出羽守屋敷に初めて御成。元禄四年だけで牧野邸とあわせて八回も御成を繰り返した。

元禄六年一二月三日柳沢邸に御成の際には、来春、老中の大久保忠朝、阿部正武、戸田忠昌、土屋政直の屋敷にも御成することが仰せられる。翌一二月四日にはこの御成準備のため、大久保、阿部、戸田の宅地を増やし、土屋宅地は酒井忠囿と替えさせた上で、それぞれに一万両を貸し与えた。この宅地増しは大きな宅地移動になったようであり、『御当代記』には、

大久保加賀守（忠朝）へ　南隣曾我播磨守屋敷あはひの道を入被下候、右は内桜田御門土手ぞひの屋敷也
阿部豊後守（正武）へ　東隣青山播磨守屋敷を被下候、（略）
戸田山城守（忠昌）へ　東隣山名信濃守屋敷道を入（略）
土屋相模守（政直）へ　堀向酒井靫負屋敷龍の口の御堀（略）
酒井靫負（忠囿）へ　龍の口の堀之北、土屋相模守屋敷と入替え也
酒井河内守（忠挙）へ　鷹匠町松平日向守あがり屋敷へ（略）

青山播磨守（幸督）へ　酒井河内守屋敷（略）
曾我播磨守へ　津軽采女あがり屋敷（略）

のように大規模な邸地の移動が行われた。側近の側用人から幕府の重臣の屋敷へ御成を拡大し、よりイベント化の方向に動き出したことがわかる。このように御成を受けるために屋敷地を大きくし、屋敷の整備を行うのであり、この時期の中で、元禄四年（一六九一）と推測される『柿右衛門文書』に甲府宰相徳川綱豊より注文の木瓜形と瓜形の青磁蘭鉢として各二個がみえる。綱豊が御成を受けるのは元禄一〇年である。綱豊は元禄三年（一六九〇）に権中納言に任ぜられ、宝永元年（一七〇四）に将軍綱吉の養嗣子となって江戸城に入り家宣と改名、同六年に将軍となった。次に古い記録は同じく『柿右衛門文書』正徳二年（一七一二）四月に「御公儀様御用石台鉢」とある。この将軍は家宣（同年一〇月まで）であるからさらに将軍になった後も有田の柿右衛門家に対して注文したことがわかる。よって元禄頃に肥前磁器の植木鉢（専用品）を使おうとしたのは、こういう将軍クラスに限られたのかもしれない。いずれにしてもこの時期に綱豊が有田の高級磁器の蘭鉢を注文したのも、御成で屋敷の整備をしたりしていることからの発案かもしれない。綱豊が御成を受けるのは元禄一〇年一一月一二日である。御成の準備を早くから行うのは、寛永七年（一六三〇）の薩摩藩島津邸に三代将軍家光が御成した際も、寛永四年（一六二七）に御成道具を中国へ誂えているし、二年前の寛永五年に大御所秀忠と将軍家光の御成を受けたいと望み、幕府作事奉行甲良《こうら》豊後守の指導で屋敷の建設を始めている。よって綱豊が、元禄四年に蘭鉢を柿右衛門家に注文したのも、御成を想定した可能性があるといえる。

島津家も寛永六年二月に路地に植える「らかんしゅ・もっこく又八ツ手等」を国元から江戸に運ばせている

(『鹿児島県史料旧記雑録後編五』)。中国に注文した御成道具の中には景徳鎮磁器の食器も含まれていたかもしれない。当時は、景徳鎮磁器が磁器食器の最高級のものであった。

こうした将軍御成の活発化が、将軍家の器として作られた鍋島焼の質量の変化を促す要因となったことは充分想像できるのである。『徳川実紀』には記載されないが、御成の際に多くの陶磁器が動いたことは、元禄一五年(一七〇二)四月二六日の加賀前田藩江戸本郷邸への将軍御成で知ることができる。「前田御家雑録」(『加賀藩史料』)に甲府中納言徳川綱豊をはじめ方々より「御音物」として贈られた多量の品目のなかに伊万里焼や高原焼のほかにも陶磁器と考えられるものが多い。

親類や旗本が多く、そして音物とはいえ、他の品目を見比べると御成のなかで必要な品々をあらかじめ分掌して調達・進上したとも思える。将軍家の引っ越し(移徙)や姫君の嫁入り道具(資装)の際にも同じような傾向がみられるからである。何しろ御成には前々日から当日にかけて、前田邸への御成の場合、料理を三万人食ほども準備するというから大変なイベントである。

綱吉は元禄七年(一六九四)二月三〇日の老中大久保忠朝邸への御成以後、時の老中を側用人に加えて御成を繰り返す。さらに元禄一〇年(一六九七)四月一一日に紀伊徳川家、同年一一月一二日甲府宰相、翌一一年三月一八日に尾張徳川家、元禄一三年九月二五日に水戸徳川家、そして元禄一五年四月二六日に加賀前田家にも一度ずつ御成を行った。その後はまた側用人だけの御成になり、宝永六年(一七〇九)正月一〇日に綱吉の死去で頻繁に行われた御成は終わる。

こうした将軍御成が、より優れた鍋島焼の必要性を増し、元禄六年の鍋島藩主光茂による『手頭』を出すきっかけになったと考えられる。さらに鍋島藩側に「お任せ」の意匠だけでなく、元禄九年(一六九六)六月七

表　月次献上等陶器数量

	人数A	品数	個数B	A×B
公方	1人	5品	82個	82個
大納言	1	5	82	82
老中	4～5	3	101	404～505
京都所司代	1	3	101	101
若年寄	3～5	3	41	123～205
側衆	(3)	3	41	123
寺社奉行	4	3	41	164
奏者番	(3)	3	41	123
大目付	5～6	3	41	205～246
留守居	4～6	3	41	164～246
町奉行	2	3	41	82
切支丹改(大目付兼任)	2			
長崎奉行（在府）	1	3	41	41
目付	(1)	3	41	41
京都町奉行	2	3	41	82
大坂町奉行	2	3	41	82
月次献上等陶器数量	37～43人			計1899～2205個

（前山博氏作成の表に加筆訂正）

日、寺社奉行戸田忠真よりの組鉢絵本による注文のような将軍家側の好みで注文することが行われたのも、将軍家側において鍋島焼の必要性が高まったからといえる。当時、寺社奉行は寺社の管理だけでなく、大名の儀式などの管理も取り仕切っていたから、献上の鍋島についての指示を寺社奉行がしてきたことは不自然ではないのである。元禄九年といえば、前年までに老中の屋敷への御成が一通り終わり、翌年四月一一日から親藩及び前田家への御成が開始される狭間の年である。御成の頂点ともいえるこの親藩及び前田家への御成の準備ともいえる注文かもしれない。元禄七年二月三〇日以降の老中への御成開始に当たっても、前の元禄六年一二月三日の柳沢邸へ御成の際、老中屋敷への御成を告げられたので、それぞれ老中の屋敷を拡張したように相当の準備が必要であったのであろう。実際、戸田忠真の父、老中戸田忠昌邸にも元禄七、八年の二回御成があり、そうした際に忠真ももてなしに腐心する側にあって鍋島焼の役割を実感していた可能性は高い。

鍋島焼は前山博氏の推算では将軍家への献上、幕府要路への贈遺を合わせ、毎年計三五人程度に総計二千個くらいであったという。(注32) そうした献上がすでに享保以前から行われていたことは記録に加え、伝世品の質量からわかる。しかし、享保以前のどこまで遡るかは明らかでない。元禄六年の『手頭』に「献上並びに都合大河内焼物」とあるが、二千個という大規模な献上・贈遺が行われたかは不明である。初期鍋島の伝世品の質量や遺跡出土資料の量をみると、より小規模であったように思われる。元禄六年に藩主が鍋島藩窯に指示したことの中にこうした数量のことも含まれていたのであろうか。例年献上については藩主が襲封の時に幕府に伺いをたて、指示を受けて実施する記録があるから、幕府の意向が強く働いていた可能性が高い。とすれば、将軍・幕府の趨勢を勘案する必要がある。興味深いのは対馬藩が朝鮮の釜山窯で作られた朝鮮茶碗の献上について、天和二年（一六八二）「茶碗などは日本にも多き物に候」と大老堀田正俊から献上不要の答えがあった。(注33) 延宝八年（一六八〇）に将軍となった徳川綱吉は初め堀田正俊を重用し、厳しい政治を行ったといい、対馬藩の朝鮮茶碗献上を不要としたのもそうした厳しさに加え、綱吉が茶の湯を嫌ったこともあるという。貞享元年（一六八四）に大老堀田が刺殺され、元禄元年（一六八八）側用人となった柳沢吉保が次第に重用されていった。元禄六年はまさに柳沢吉保が将軍のもとで辣腕を振るった時代である。元禄年間に経済は活発化し、御成がさかんになるなかで、鍋島焼の例年献上について幕府の望みに従って改革し、鍋島藩窯は技術的にも最盛期を迎えたとみることができよう。

鍋島家に伝わる「図案帳」でもっとも古く、しかも唯一名が記された大皿の図案に「戸田能登守殿　組鉢絵

本　元禄子の六月七日に申来る」とあって元禄九年（一六九六）に注文があり、宝永六年（一七〇九）にできあがったことが書かれている。しかし、この記述は元禄九年と宝永六年の二度作られたことを意味しているのかもしれない。いずれにしても、幕閣からの指示であり、後述の安永三年（一七七四）将軍お好みの鍋島焼が老中、御側用人から「紙形」「絵形」によって指示された例からしても、この図案は戸田能登守忠真個人の注文ではなく、献上磁器の注文を申し伝えてきたと考えるべきであろう。また別の変形皿で「元禄九年出来」の年記があるものがあり、元禄九年頃に将軍家献上の質量の定型化が進んだことが推測される。伝世品や遺跡出土状況もそれと矛盾しない。

2　盛期鍋島の特徴

盛期の代表的な意匠として、高台櫛歯文、裏文様七宝結び文の組み合わせの出現・盛行があげられる。前述の元禄九年（一六九六）の図案の尺皿とみられる陶片が藩窯の物原（製品の捨て場）から出土していることはすでに指摘した。(注34)伝世品はみないが、陶片の裏文様の唐草は初期鍋島の花唐草をより大きく複雑に表現したものであり、その延長線上にあるとみてよかろう。次は「元禄九丙子ノ年（一六九六）出来」「正徳三癸午（一七一三）出来」と並記された墨流し文様の変形皿である。この平面形の皿は窯跡物原から銹釉染付皿、瑠璃釉皿と水車青海波文皿が出土している。

『図案帳』「享保三（一七一八）出来」と記された一枚には七宝結び文の猪口、外面に瓢箪文を表した猪口と

60　色絵桜樹文皿（図１）の裏面
肥前・大川内鍋島藩窯　1700～20年代　口径20.2　高5.8　高台径11.0
佐賀県立九州陶磁文化館所蔵

ともに、桜樹文皿の図案が描かれている。この図案によるとみられる染付片が藩窯から出土しており、伝世品は九州陶磁文化館所蔵の色絵桜樹文皿（図1）がある。色絵皿は裏文様に七宝結び文と櫛歯文の組み合わせである（図60）。

鍋島家に伝わる『図案帳』のうち年代が記されたものは元禄、宝永、正徳、享保であり、その後は途切れて幕末にとんでしまう。この理由については不明であるが、今みたようにこの年記のある図案による製品はいずれも技術的に完成された時期、すなわち従来から盛期の鍋島とみられていたものである。この時期より古い、つまり初期とみられる確実な図案はない。

図案帳や伝世品とともに、この享保に一つの画期が推測できる記録がある。享保七年（一七二二）三月、四代藩主吉茂の時に幕府が命じた献上物や礼物などの「減少」令に対して、鍋島藩は七月に「献上物の内、今度より相減候品」を示した。この中に陶器は上がっていないが幕府の「減少令」の影響は、後述するように質などにも及んだ可能性があるからである。

享保九年（一七二四）の箱書銘資料が一点ある。[注35] 四代藩主鍋島吉茂が寄進したことが記された染付松竹梅文の大瓶（高さ四七・五㎝）である。松の幹の表現などは享保三年図案の桜樹文皿の桜の幹の表現に似通っている。つまり年代的に同じ頃であることの傍証である。

『吉茂公譜』享保一一年六月一七日条に将軍吉宗「御望ノ品」を「御内証御用」で求められた鍋島藩は、将軍の私的な注文とはいえ、例年献上焼物と同様に製作して納め、将軍も満足であったという。「センサン瓶二、御盃四ツ、御銚子六ツ」であったが、鍋島の仙盞瓶といえば唯一の伝世例として静嘉堂文庫所蔵の色絵牡丹文水注が知られており、高台の撥形に開く形状は通常の有田の瓶よりも前述の一七二四年箱書銘の染付瓶と共通している。

3　倹約令による盛期鍋島の終焉　八代吉宗時代

次は鍋島焼盛期の終わりについてである。将軍に重用され権勢並ぶものなき柳沢吉保が「多病」などを理由に願い出て、宝永二年（一七〇五）三家はじめ諸大名が歳首、端午、重陽、歳暮、かつ益封、転封、襲封、参覲、官位、婚姻、その他公にかかわりし謝儀、致仕の得物並びに常献の余品を吉保がもとに贈ることは以後止めるようにという。逆に言えばそれまでは頻繁に吉保に贈遣が行われていたことを物語っている。綱吉時代はインフレはあったが経済が発展した時代であり、そうした時期に将軍家例年献上を主目的とした鍋島焼の製作、献上・贈遣が盛期を迎えたというのも至極当然といえる。

ところが宝永六年（一七〇九）正月一〇日、綱吉の死去により、甲府宰相綱豊が継いで六代将軍家宣となった。この将軍交替により、綱吉に重用された柳沢吉保らは罷免され、新たに側用人になった新井白石らが政治を動かすことになり、正徳二年（一七一二）家宣の死去で五歳の家継が七代将軍になった後も、引き続き政権を支えた。

この家宣・家継時代は基本的に綱吉時代の軌道修正が行われ、高度経済成長政策を転換して低成長のデフレ政策を行った時代という。

その中で宝永六年三月一日、幕府は将軍家へ参覲の人々は内々の献物はしてはいけない。老臣、側用人、少老にも常例贈遺のほかは内々より物を贈ってはいけないと命じた。綱吉の代には諸大名参観の時、内献上といって恒献の外に物を奉ることがあったのを止めさせ、また諸老臣へ常例の外、理由なく物を贈ることも禁じた。鍋島藩が例年一一月に行う献上陶器は「常例贈遺」であるのでこの禁令の対象外であった。

　このように家宣・家継時代は内献上などを禁ずるなど贈遺を押さえる方向にはあったにしても、綱吉時代を引き継いでいったから、鍋島焼の献上の盛期は続いたとみるべきであろう。

　享保元年（一七一六）八月、家継が八歳で病死したあとを紀州藩主より入った八代将軍吉宗にとっては、逼迫していた幕府財政の立て直しが急務であった。就任直後にできる限りの倹約を行うことを命じ、さらに享保七年（一七二二）三月一五日に減少令を出し、法会の式を簡素化することや、贈遺、礼物も減少するようにと命じ、具体的に一〇分の一から半分などと細かく指示した。さらに領地に産する物を献上するのも、数を減らすようにといい、酒肴の外、封地の産物でないものを献上することは止めること、また数多く献上してきた物はその品の数量を減らすように命じた。享保九年六月二三日にはさらに万石以上の妻といえども華麗を禁じ、国持ち大名でも新たに調度を製するとき、漆器は軽き描金にとどめることなど細かい指示を出した。

　佐賀藩の『吉茂公譜』享保一一年（一七二六）四月に「例年御献上陶器色立ニ付、松平伊賀守殿ヨリ相渡サル御書付、例年献上之皿・猪口・鉢之類、唯今迄者色々之染付有之候得共、向後色取有之候染付者一通差上、其外者色取無之、浅黄并花色等之類染付を可被差上候、且又青地者只今迄之通可被差上候（後略）」とあり、例年献上の陶器について老中松平伊賀守忠周より指示があり、種類の多い色絵具で飾ったものは制限するが、青磁はこれまで通りとし、以後の献上品に注文が付いたのも、この華麗を禁じた一環と考えられ、盛期鍋島の終わりの時期と推測できる。以後の幕末までの伝世品の内容をみても、三色使ったいわゆる色鍋島が消える。

61　色絵巻軸文皿
肥前・大川内鍋島藩窯　1700〜20年代　口径20.2　高5.8　高台径11.0
佐賀県立九州陶磁文化館所蔵

62　染付青磁桃文皿
肥前・大川内鍋島藩窯　1690～1730年代　口径14.7　高3.7　高台径7.4
佐賀県立九州陶磁文化館所蔵

63　染付三階松文皿

肥前・大川内鍋島藩窯　1690〜1730年代　口径18.8×12.5　高3.7　高台径10.9×6.5
佐賀県立九州陶磁文化館所蔵

時折みられる色絵は赤一色を付けたり、緑一色であったり、稀に二色程度もあるが、極端に華やかな色鍋島は消えたのである。当然、将軍家から必要なしとされ、華美なものとして禁じられれば、作れなくなる。よって色絵を作った赤絵職人も大川内鍋島藩窯からは居なくなったと想像される。以後は必要に応じて有田の御用赤絵屋が注文を受けて色絵を付けたのであろう。

このように鍋島は将軍綱吉時代に盛期を迎え、吉宗の倹約令によって盛期は終わる。以後は三色使ういわゆる色鍋島は作られず、主に染付が、次いで青磁が作られ、赤だけや二色程度の色鍋島は少量作られたにすぎない。しかも確実な将軍家例年献上品の中に色絵の例はみられない。

4　田沼意次時代に固まる後期鍋島（一七七四年〜幕末）

十代将軍家治よりの注文

一八世紀後半は江戸が地方から流入した人々で人口的にも地域的にも大江戸となった時期である。幕府の権力を握った田沼意次は農村でさかんになった米穀以外の商品生産物の流通を活発化することで、財政収入を増大させる重商主義的な政策をとったという。そうした重商主義政策によって財政的に比較的安定した将軍家治時代の安永三年（一七七四）に、鍋島藩に対して次のような注文をしてくる。

九日、御用番板倉佐渡守殿ゟ御留守居被召呼、御献上陶器之儀ニ付而、左之通御書附一紙、御用人を以被相

渡之例年献上之陶器之内、御好之品も有之候間、以来献上可被致候、委細之儀者水野出羽守江可被承合候
（中略）水野出羽守様御方江江副九太夫参上奉伺候処、出羽守様御前被召出、時候之御見廻被仰進、其末被仰達候者、此節御前御用御好之陶器焼立御献上被成候様被仰出候付而、右陶器十二品之紙形十二井御絵形十二御書附一紙、箱ニ御入組、御直ニ一〻御引合御渡被成、御本之通焼立被仰付被差上候様、尤、曽而御念（急）之御用ニ而も無之、焼立出来候ハヽ、先以於　御城御老中方井稲葉越中守殿江出羽守殿ゟ被懸御目、御一覧之上被献候通可被成与被仰談置候条、出来之上、出羽守様迄差上候様、且又當冬御献上之節、間ニ合候ハヽ例五品之内ニ御与（組）入ニ相成、是迄之員数宛ニ被成、引替被献候而も不苦候、若又不間ニ合候ハヽ、當年者例年被差上来候通ニ被成、支無之候、勿論只今被差上候陶器、已前　公儀ゟ御好之御圖なとニ而者無之哉、御城ニ而御調へ被成候得共不相知、自然（もし）前ニ仰出之品ニ候ハヽ只今之通、若五品之内訳無之品も候ハヽ、御引替、此節御好之内ゟ御献上ニ相成候様、右之段御承知被成候否者出羽守様へ被仰達候様、此節格別之仰出ニ而御用之品被仰付、御首尾宜、御内意御大慶被成候、聊無疎被入御念焼立被仰付被差上候様被仰聞候、依之、先御手本を一通宛焼立、御内見被成候様可仕哉之旨、御用人を以相伺候処、右絵圖之内、細工人方ニ而別而六カ敷絵様之方を焼立、出来候ハヽ先三四品も御内覧可相成候、若又何レも宜出来候趣ニ候ハヽ、御献上被成候通、相揃候上御覧可被成儀、出羽守様ゟ被相渡候御註文左之通

御鉢　　紙形二
丸御皿　紙形二
角御皿　紙形二
長手御皿　紙形三

木瓜形御皿　紙形一
船形御皿　紙形一
御猪口　紙形一
　都合十二
右者年〻献上之五品ハ只今迄之振合ニ献上有之、紙形之品ハ五品之内江二品三品程充入組、追〻献上可有之事

（略）

右陶器外面之模様御絵形ニ不相分候付、出羽守様江相伺置候末、同十三日被召呼、九太夫参上仕候処御面談、御好陶器外面絵様猶又於　御城稲葉越中守殿なと被仰談、御評議之末、左之通御書附御直ニ被相渡、左候而恰好等之儀ハ細工人共了簡可有之候間、最前被相達候由(通)、先以手頭焼立差出候様被仰聞候由
先達而御好之御皿紙形、香台之高サニ而宜候、且御皿裏之模様、香台之染付等も不残前〻献上之振合ニ而宜候事

八代藩主鍋島治茂の『泰国院様御年譜地取』安永三年七月に、御用番老中板倉佐渡守勝清より佐賀・鍋島藩江戸屋敷の留守居役が呼ばれて献上陶器についての指示を受けた。詳細は田沼意次のもとで権勢を振るった側用人水野出羽守忠友から「将軍お好みの品」一二通りの注文があった。忠友は祖父の妻が二代藩主鍋島光茂の娘という鍋島家にとっては頼りになる親類でもあった。例年献上の陶器五品の中に、一二通りの形・文様の品から二、三品を含めるようにとのことであった。それをまず試し焼きし、よいかどうかの内見を受ける必要が

あるから、水野に差し出すことという。そこで一二月二二日、次の一二通りの試作品を持参したところ、「上出来」との評価を受けた。

御鉢　梅絵大肴鉢一・・・①
　　　牡丹絵中肴鉢一・・・②
丸御皿　萩絵丸中皿一・・・③
　　　葡萄絵菊皿一・・・④
角御皿　菊絵大角皿一・・・⑤
　　　山水絵中角皿一・・・⑥
長手御皿　山水絵長皿一・・・⑦
　　　遠山霞絵長皿一・・・⑧
　　　折桜絵長皿一・・・⑨
木瓜形御皿　蔦絵木瓜形皿一・・・⑩
船形御皿　金魚絵船形皿一・・・⑪
御猪口　松千鳥絵猪口一・・・⑫

また、この際の裏文様について、裏文様は紙形ではわからなかったので、水野出羽守に再びたずねたところ、皿の高台はこれまでの高さでよい。また裏文様、高台文様などもすべて以前からの献上どおりでよいとのこと

64　染付白梅文大皿

肥前・大川内鍋島藩窯　1790～1840年代　口径33.8　高11.2　高台径16.8
佐賀県立九州陶磁文化館所蔵　西コレクション

12通りのうち①「梅絵大肴鉢」に当る可能性がある。

65　染付牡丹文大皿
肥前・大川内鍋島藩窯　1800～60年代　口径30.0　高9.9　高台径15.3
佐賀県立九州陶磁文化館所蔵　西コレクション
12通りのうち②「牡丹絵中肴鉢」に当る可能性が高い。

66　染付萩文皿
肥前・大川内鍋島藩窯　1770～90年代　口径15.0　高4.6　高台径8.5
佐賀県立九州陶磁文化館所蔵　北島常一氏贈

12通りのうち③「萩絵丸中皿」に当る。

67　染付楼閣山水文隅入角皿

肥前・大川内鍋島藩窯　1810～40年代　口径14.5×14.5　高3.4　高台径9.5
佐賀県立九州陶磁文化館所蔵　西コレクション

12通りのうち⑥「山水絵中角皿」に当る。

68　染付金魚文船形皿
肥前・大川内鍋島藩窯　1790～1820年代　口径21.5×12.2　高4.6　高台径9.7
佐賀県立九州陶磁文化館所蔵　西コレクション

12通りのうち⑪「金魚絵船形皿」に当る。

であった。
この安永三年（一七七四）七月注文があった「将軍お好みの品」一二通りに該当する伝世資料として小木一良氏は④「葡萄絵菊皿」⑩「蔦絵木瓜形皿」⑪「金魚絵船形皿」をあげられ、天保一〇年（一八三九）銘箱入りの菊絵角皿より裏文様や高台部の櫛目文の描き方が力強く古式である点から安永三年頃の作品の可能性を推測しておられる。試作の出来が認められて、翌安永四年以後の献上品五品の中に年々加えられたことであろうから、安永三年を上限とし、それに近い年代と思われる。

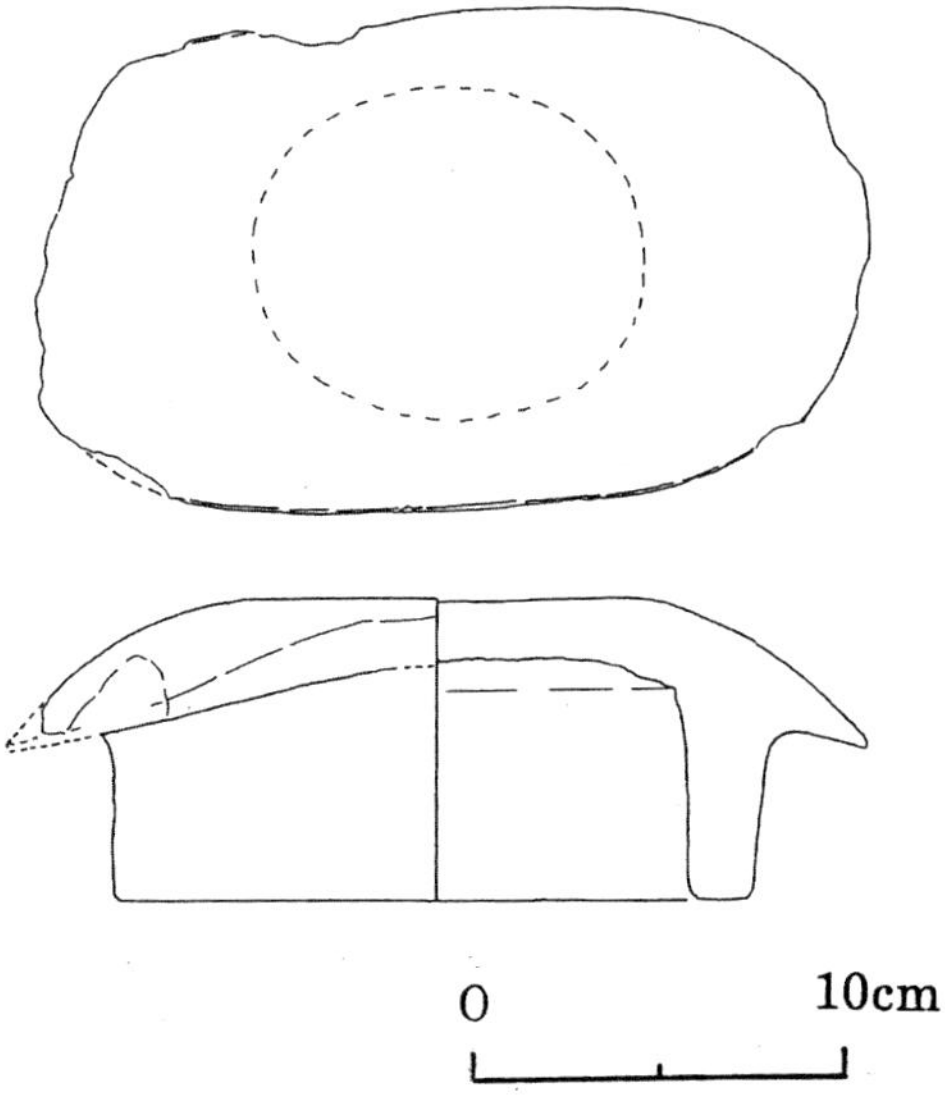

69「金魚絵船形皿」の土型
「享和二（1802）作直スヲ
弘化四（1847）未十二月作改
松平作直ス」の銘文をもつ。
1774年から型を少なくとも3回（1774、1802、1847）は作っていたことが判明。

文化元年（一八〇四）一一月の献上陶器五品が江戸に送られる途中、尾張の宮之駅の船場で破損事故を起こした。五品の内訳は「梅絵大鉢」「卯花郭公絵大皿」「葡萄絵丸皿」「遠山霞絵長皿」「赤絵茶碗皿」とあるように少なくとも三品は安永三年の一二通り（①、④、⑧）から選ばれたものとみられる。それが幕末まで続いたことは「萩絵丸中皿」（図66）で高台内に「安政二卯晩春下旬　絵形手本定規寛存」の染付銘や「山水絵中角皿」（図67）

で高台内に「安政七年甲ノ年四月吉日　御献上拾二通之内　市」と記されているように安永三年の将軍御好みの一二通りが献上陶器の中に反映されていた。この間に一二通りの中から毎年いくつかが選ばれて繰り返し作られたであろうことは一見似ている意匠の伝世品が複数種存在するものがあることから推測できる。例えば金魚絵船形皿も図68と、『鍋島藩窯の研究』四〇図や神奈川県立博物館『鍋島—藩窯から現代まで』（一九八七）の図二一二とは水草や蘭虫の表現に少しずつ違いがみられるし、図69の土型からも繰り返し作られたことがわかる。また「山水絵中角皿」も図67と安政七年銘の例とでは違いがみられる。前者の山水絵に近い陶片が鍋島藩窯の調査で出土した陶片の中に一点ある。

以上のような将軍家への献上は毎年行われたが、前山氏は『鍋島直正公伝』より「安政四年（一八五七）、佐賀藩は幕府から「月次献上」物を以後五か年間「用捨」（免除）されたこと」を記す。幕末の長崎における対外防備による経費が莫大であり、財政逼迫したことを理由に幕府に願い出ていたのに対し、安政三年（一八五六）一二月晦日に江戸で月次献上物を五か年間免ぜられた。これは『鍋島直正公伝』によれば乙卯年（一八五五）に提出した請願の内の一つとある。この免除が飛脚によって佐賀に伝わったのが安政四年正月一九日である。安政七年銘の「御献上拾二通之内」角皿はこの献上の復活した際の製作にかかる作品の一種ではあるまいか。また安政二年銘の萩絵丸中皿は献上品製作にかかるものとみられる。この間に献上用の品の製作が途絶えた期間が少なくとも三年はあったと考えたい。しかし、前山氏は記録上は安政四年の免除以降、月次献上が復活した形跡はないとする。仮にそうだとすると安政七年の「御献上」の文字はどういう意味なのであろうか。献上にかかると思われる銘は天保一一年（一八四〇）の枇杷文皿（図70）も「三月釜」とあり、いずれも春の製作を示す。月次献上は一一月であるが、不出来のものなどがあった時のことも考え、早くに製作に取りかか

70　染付枇杷文皿
肥前・大川内鍋島藩窯　1840年　口径20.5　高6.2　高台径10.5
佐賀県立九州陶磁文化館　百渓正明氏贈

高台内に「掬翠斎持也　天保十一庚子年三月釜　御献上　但従子ノ年丑ノ年迄　焼越ノ節也」と書かれる。天保11年３月の窯で焼かれたこと、将軍お好みの12通り以外の献上用意匠であることがわかる。

ったものと思われる。安政七年の例は月次献上復活の可能性を見越して、藩として作り置く準備を始めたこと、もう一つは従来の月次献上の形を想定したものではなく、不測の献上品として準備されたことが考えられる。以上のように、同じ牡丹唐草と櫛高台をもつ鍋島の一群の中に一七七四年以降の献上品をさがす手がかりを得たことの意義は大きい。

この裏文様をもつグループは伝世品では少なくないが、東京を中心とした遺跡出土品ではほとんど見られず、六代藩主宗茂の娘が寛延三年（一七五〇）に嫁いだ伊予・宇和島藩伊達家屋敷跡（東京都港区）から菊文角皿（菊絵大角皿⑤）とバラ文皿が出土している。[注36] この一二通りの一つの菊絵大角皿の場合、高台内に赤で菊文が描かれている。将軍家献上品には高台内に文様を入れなかったと考えられるから、それを親類の大名に贈遺する時に将軍家献上品と違うようにするために色絵で描かせたものと推測される。宇和島藩伊達家とは深い姻戚関係を結び、十代藩主直正の姉猶姫が伊達宗城室となり、弘化四年以前の江戸末期の御用注文の中に「猶姫様御傳にて徳姫様江被進御用」とあり、青磁筒形花生二本と植木鉢二本が注文されている。こうした親類以外には、江戸で贈遺されることはなかったと推測される。この江戸以外では、長崎・桜町遺跡で一例あるに過ぎない。一二通りのうちの⑨「折桜絵長皿」に当るとみられる。

東京などの遺跡で江戸後期の肥前陶磁と一緒に主として出土する鍋島様式の磁器は裏文様が七宝結び文で高台櫛歯文との組み合わせである。牡丹唐草文の裏文様をもつものより、相対的に粗放な作行のものが多い。こうした点からみると、裏文様に牡丹唐草文を描いたものが将軍家への月次献上用に作られた鍋島であり、七宝結び文を裏文様として描いたものはそれ以外の贈遺用や藩の用品として作られたと考えられる。

裏文様が牡丹唐草文であっても安永三年の一二通り以外と考えられる主文様が少なからずみられるが、それは月次献上にも「五品のうち二～三品」を加えるようにとのことであり、一二通り以外の主文様があったことが記録からもうかがえる。この一二通り以外の主文様は鍋島藩側で考えた意匠ということになる。いずれにせよ、後期になると色絵の例はほとんど消え、技術的に精緻さが失われるほか、高台内に紀年銘や製作者記号を入れたものが現れるなど、鍋島の製作に当たっての制約に緩みが生じたとみられる。

第五章

将軍にまつわる珍しい磁器

1　綱吉・家継にかかわる有田磁器

生産の中心地有田では、生産者と消費者を結ぶ商人が意匠創造に深く関わったと考えられるが、特殊なケースとしては、大名などから注文を受け、柿右衛門家の窯などで作り、納めることがあった（『酒井田柿右衛門家文書』）。図71は将軍家の一族、もしくは近親の大名からの注文の可能性が高い有田の超高級磁器である。鍋島家から将軍家に献上するものであれば大川内鍋島藩窯で作られたが、それとは異なり、他家からの将軍家献上の可能性が高いものである。こうした姫皿と呼ばれる日本の大名・公家の女性の正装姿を表した皿は、元禄（一六八八〜一七〇四）頃に集中してみられる。これと同形の皿は五点以上あることがわかっているが、いずれも衣服の文様が異なり、一点ずつ文様を変えて作られたものと考えられる。この姫皿が作られた理由は何であろうか。強大な権力を握っていた五代将軍徳川綱吉には子がなく、養女の八重姫が元禄一一年（一六九八）に水戸徳川家に嫁ぐとき、その嫁入り道具の献上を諸大名に命じたのである（『徳川実紀』）。この姫皿の推定年代の間で、これほど大規模な嫁入り道具の記録はみられないから、一六九八年の嫁入りのための献上品として作られたと考えられる。近似の例であり、外面の文様、作りから少し年代が下ると考えられるものに色絵破魔弓皿がある。

破魔弓を精密に表現した図72の皿であり、同形の類品は知る限りでは他に四点ある。いずれも破魔弓と胡録入りの矢、熨斗を表し、加えて中ほどに長方形に描かれたものがあるが、これは文箱を横からみたところを描いたものであろう。破魔弓は小学館『日本国語大辞典』をみると「正月を祝って男児に贈る玩具となり、のち

71　色絵姫皿

肥前・有田窯　1690〜1740年代　口径28.5×19.0　高4.6　高台径18.0×9.8

5代将軍綱吉の養女が嫁入りする際の献上品の可能性がある。類品はあるがすべて衣服の文様が異なる。

72　色絵弓浜熨斗文皿

肥前・有田窯　1690～1730年代　口径29.7×19.5　高4.7　底径21.6×12.7
佐賀県立九州陶磁文化館所蔵

破魔弓と熨斗を表し、1712年、４歳で７代将軍となった家継にまつわると考えられる皿。

には細長い板に弓矢を飾りつけ（中略）男の子の初節供の贈り物とした」とある。また吉川弘文館『国史大辞典』には「破魔」とは「魔を破る、すなわち、悪魔を払うことであるとの説もあるが、これは正説ではないという（伊勢貞丈ほか）。「はま」とは弓にて矢を射る的に相当するものをいう」とある。しかし、一般には破魔弓は悪魔を払う弓と考えられている。

徳川将軍家の動きを記した『徳川実紀』を読んでいると、限られた時期にこの「破魔弓」が記されている部分があることに気付いた。その最初は三代将軍家光時代に家光の長男、のちの家綱に対して、寛永一八年（一六四一）一二月二六日、紀伊徳川家父子より、「若君に破魔弓矢ささげらる」とある。若君は一歳であった。翌年一二月二三日にも紀州家は歳暮に破魔弓を献じている。正保元年（一六四四）一二月二三日に「家門、諸大名より歳暮の時服を献じ、若君へ破魔弓を献ず」とある。この破魔弓献上は一六四六年六歳まで続いた。家綱が将軍につくのは一六五一年のことである。この若君時代には佐賀・鍋島藩領内の有田磁器はまだ開窯後三〇年ほどであり伊万里焼の例年献上を始めていなかったと考えられる。

次に破魔弓が出てくるのは正徳三年（一七一三）一二月一八日のことであり、六代将軍家宣が一七一二年に江戸で流行した感冒（インフルエンザ）で早くに亡くなり、子の家継が四歳で将軍になったのである。喪が明けた一七一三年の歳暮に「両尼公をはじめ後閣の方々より、破魔弓に魚そえて進らせらる。近衛太閤基熙よりも破魔弓、振々、毬杖、干鯛進らせられ、諸老臣よりも破魔弓を献ず」とある。両尼公とは前将軍家宣の正室で関白近衛基熙の娘・照姫と家継生母左京の局（お喜世）である。二人は家宣薨御後に落飾して天英院、月光院と号す。破魔弓を献ぜられたのは五、六歳までであり、しかもその年齢で将軍になったのは家継だけであった。この将軍のために男児の前途を祝福して贈られる破魔弓は通常の破魔弓とは比べようのない重要な献上の意味をもったものであることは容易に想像できる。そのように考えれば図72の格調高く豪華な破魔弓矢、熨斗と、献上の目録を入れたとみられる文箱の組み合わせも納得できるのである。そしてこうした破魔弓の皿が一時期だけのものであること、しかも今、年代が細かくわかるようになり、こうした金襴手様式の皿は一六九〇～一七三〇年代の間であることが明らかになると、一七一三年はまさに妥当な年代なのである。二五年前まではこの図72の皿の製作年代は「一七世紀後半」と考える向きが強かったが、それではとてもこの将軍家継には行き当たらないのである。この破魔弓皿が幼い将軍家継の前途を祝福して作られたとすると、年代は一七一三年か遡っても家継が生まれた一七〇九年七月三日以降と推測される。熨斗はのし鮑の略で、早くから祝儀の贈物に添えた。意匠の豪華さや献物の目録を入れたとみられる立派な文箱を伴っていることなども将軍への献上なら妥当といえる。しかも、地文など表現を一点一点替えていることなども多くの人が献物としたためと考えられ、そうであれば将軍ならではといえる。将軍への献物ならば、何故、鍋島焼でないのかと疑問に思う方もおられるかもしれない。これは鍋島家からの献上品ではないからという理由であろう。諸大名が必要とする磁器は当時、代金が支払われ、有田の窯が受注して作った。もちろん、有田で最高水準の色絵技術の窯で作られたと考えられる。

将軍家継は「生来、虚弱体質」であったという。そうならば余計に男児の健やかな成長を祈る破魔弓の皿は重要な意味があったであろう。

73　染付山水文植木鉢
肥前・有田町長吉谷窯出土　1655～60年代
有田町教育委員会保管

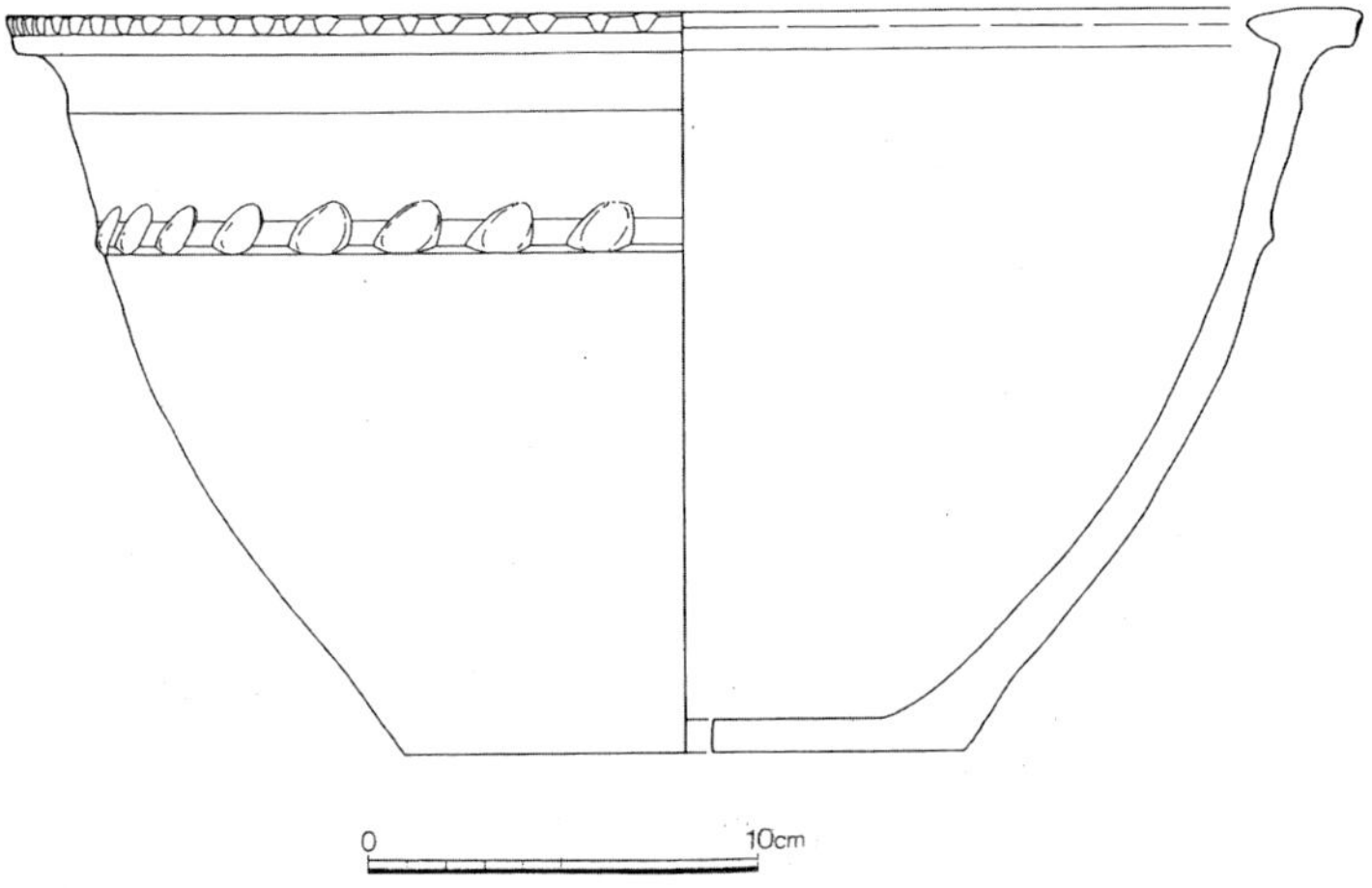

74　陶器植木鉢
薩摩・山元窯出土（加治木町教育委員会『山元古窯跡』1995）

2　将軍と盆栽・鉢植え

江戸時代にもすでに花栽培の大流行があったようである。寛永の椿、元禄のツツジ、正徳の菊、享保の楓、寛政の橘などである。肥前磁器には一七世紀後半に植木鉢を作った例があることは一九八〇年に始めた肥前磁器の窯跡出土品を分析研究する最初に手がけた長吉谷窯で見いだし、強い印象を受けた。これは大型の植木鉢であり、ヨーロッパ向けと考えられた（図73）。その後注意してみてきたが、インドネシアのバンテン遺跡出土の染付植木鉢などオランダ東インド会社の注文で作られたものとの見解には変わりはない。つまり、肥前磁器では国内向けよりヨーロッパ向けにより早く植木鉢を作り出した。

日本国内での花栽培に陶磁器の植木鉢がいつ

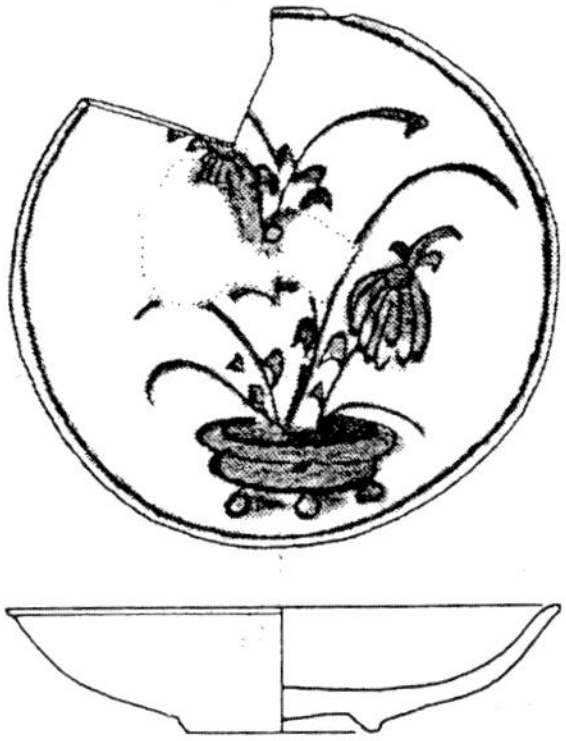

75　染付花盆文皿
肥前・一本松窯出土（有田町教育委員会『一本松窯・禅門谷窯・中白川窯・多々良２号窯』1990）

76　染付盆栽文皿
肥前・有田窯（小田原市教育委員会『欄干橋町遺跡第Ⅳ地点』1998）

頃から使用されたかである。室町時代の『蔭涼軒日録』寛正四年（一四六三）に、中国の青磁の石菖鉢（鬼面足）や蘭、蘆などを植える鉢の例がある。中国陶磁では古く鈞窯の紫紅釉などの陶器の花盆の例がすでにあるが特別誂えのものと考えられる。ただし元代とみられる韓国新安沖沈船引揚げの白濁釉花盆（注37）は特別なものとは思えない。中国では金元時代に植木鉢が陶器でもかなり作られたものとみられる。

しかし日本では主に江戸前期に始まる。近年、鹿児島県堂平窯で一七世紀前半にさかのぼる可能性が高い植木鉢が出土している（注38）。しかし、多くなるのは一七世紀中葉から山元窯併行期と考えられる。そして一七世紀後半になると、山元窯で一六五〇～七〇年代と考えられる陶器の植木鉢があるし（図74）、沖縄の知花焼の焼締め陶器の一七世紀後半と推測される植木鉢がある。これらは前述の新安引揚げの例の器形・装飾な

77　染付松盆栽牡丹唐草文皿
肥前・有田窯　1660～80年代　口径20.8　高3.0　高台径14.4
佐賀県立九州陶磁文化館所蔵　柴田夫妻コレクション

78　染付梅盆栽窓絵草花文皿
肥前・有田窯　1650～60年代　口径22.0　高3.2　高台径13.6
佐賀県立九州陶磁文化館所蔵　柴田夫妻コレクション

79　染付椿盆栽文隅入角皿

肥前・有田窯　1660～70年代　口径12.4×12.1　高3.1　高台径8.1×8.1
佐賀県立九州陶磁文化館所蔵　柴田夫妻コレクション

など共通点があり、こうした中国陶器の植木鉢の影響と考えられる。中国の陶器では緑釉などを施した植木鉢が明末・清時代にみられ、長崎市の遺跡で出土している。江戸時代に入り、近世城下町の造営で、屋敷地の庭園などの整備に伴い園芸植物の栽培が盛んになったものと考えられるのだが、肥前の窯で焼かれた植木鉢は前述のヨーロッパ向けと考えられる染付の大型植木鉢があるだけである。一八世紀半ばを境として、植木を中心とするものから、奇木珍草を植えて楽しむ鉢植えを中心とするものへと、江戸の園芸文化の中身が変質し、しかも、支配階級のみならず、都市民衆へ広がるという。(注39)つまり、江戸前期にはまだ鉢植えは少なかったものとみられる。

こうした中で肥前磁器の文様としては様々な盆栽、鉢植え、花籠文様が描かれた。確実に一七世紀前半の初期伊万里の例は三足付きの植木鉢で種別不明の草花が植わった意匠が描かれている（図75）ほか、一六四〇～五〇年代の皿に足付き角鉢に草花が描かれたものもある（図76）。しかし、多くなるのはなんといっても一七世紀後半であり、一八世紀前半にかけてさかんに描かれた。国内向けでは盆栽と思われる文様が多く、松（図77）とわかるものが多いが、他に梅（図78）、椿（図79）とわかるものもある。盆栽は足付きの角鉢を用いたものが多いが、丸や輪花形の火鉢とも思われる器形の例もある。足付きのこうした形状のものは絵文様からでは材質はわからないが、当時、考えられるのは木製鉢もしくは土器火鉢がある。

輸出用とみられる磁器に描かれた鉢植え文様をみると、足付きの丸い植木鉢にかなりデザイン化した様々な草花を寄せ植えしたものが多い。また輸出用の代表的意匠である芙蓉手などに描かれたものには抽象化した草花や宝文と思われるものを盛った文様もある。輸出向けの中に籠、時には手付きの籠に花を盛ったものがあり、以前は植木鉢に植えられたものまで「花籠文」と称していた傾向があったのも、輸出用の伝世品が伊万里焼研究の中心にあったせいであろう。ともあれ、明らかな花籠文様は、先行する一七世紀前半の中国・景徳鎮磁器に描かれた例があり、「大明天啓年製」銘のもの(注40)などが知られる。また一七世紀末〜一八世紀初にコーヒー・紅茶用カップとして作られた小碗や皿の見込に描かれたものがあり、肥前でも染付で小碗の見込に描いたものが作られた。

盆栽には岩と樹木が描かれたものが多い。一七世紀前半の中国の芙蓉手鉢の見込に足付き角鉢に岩と共に描いた例がある(トルコ・トプカプ宮殿所蔵)。よってこうした中国磁器の影響があるかもしれないが、中国例は花籠やデザイン化した花盆の例が多く、盆栽とみられるものは希である。この種の盆栽を表した文様は肥前では一七世紀後半に多く、一八世紀になると減る。草花を描いた植木鉢と違い、この種の盆栽文様は日本的といえるかもしれない。ヨーロッパで盆栽は「Ｂｏｎｓａｉ」で通じるように、日本文化がヨーロッパに輸出されたものの一つであるが、すでに一七世紀後半には磁器の意匠として多用されるほどになっていたことがわかる。

日本では草花を鉢に植えたものを鉢植え、山水樹石の景を芸術の域にまで高めたものを盆栽として区別するのが一般的のようであるが、なかなか区別は難しい。現代中国では日本でいう盆栽を盆景といい、単に草木を鉢に植えたものを「盆栽」と普通呼ぶ(注41)。鉢についても、中国では植木鉢のことを普通、「花盆」といい、粗製の鉢を収めて、観賞の効果を上げるための鉢を「套盆」ともいう。中国では早くから焼物でこうした植木鉢を作っていたことは絵画資料の多さだけでなく、鈞窯、龍泉窯、景徳鎮窯や宜興窯などの陶磁器の植木鉢が実際、窯で出土したり、伝世品が少なくないことからわかる。しかし、我が国では延慶二年(一三〇九)奉納の『春日権現霊験記絵』や鎌倉末頃完成の『法然上人絵伝』に高野山の僧の住居に鉢植えの梅と石菖とみられる三足香炉らしいものが鉢植台の上に置かれている様子(図80のＡ)の他、蓮弁文鉢とみられるものに木の生えた石

80　鎌倉時代の鉢植え・盆栽・盆石

①は瀬戸鉄釉鉢、②は瀬戸灰釉印花文香炉、③は中国龍泉窯青磁蓮弁見込双魚文鉢、④は瓦質印花文輪花形火鉢（以上、鎌倉市千葉地遺跡出土、『千葉地遺跡』千葉地遺跡発掘調査団、1982より）、⑤は瓦質火鉢（鎌倉市光明寺裏遺跡出土、『光明寺裏遺跡』北区鎌倉学園内遺跡発掘調査団、1980より）、⑥は中国龍泉窯青磁太鼓形三足鉢（東京都文京区東京大学構内遺跡医学部附属病院地点出土、『東京大学本郷構内の遺跡　医学部附属病院地点』東京大学遺跡調査室、1990より）A、B「法然上人絵伝」より、C~E「慕帰絵詞」より部分トレース

が置かれたもの（図80のB）が描かれている。二重にもみえるから青磁鉢は套盆に転用したのかもしれない。解説書[注42]では「盆石」とするが盆栽との違いは明らかでない。観応二年（一三五一）の『慕帰絵詞』に禅室の書院棚に石菖鉢かと思われる三足付き（図80のD）と高台造りの鉢が描かれている。解説書では「盆栽」とする。他に縁側に木製の石台とみられるものの中に石と石菖様のもの、高台付の皿に石が置かれた盆石と考えられるものが描かれる（図80のE）。また庭の三つの台木の上にそれぞれ松、梅などの盆栽がのっている様子がある（図80のC）。石台や石菖など石に生やすものは穴のあいた植木鉢は必要なかったのであろう。一方、『法然上人絵伝』の梅の植木鉢はおそらく穴があいているであろう。高台造りにみえ、中国製の可能性もある。『慕帰絵詞』の松梅など三種の盆栽は台木にのせ、これは水はけの穴が必要と考えられる。足付きの鉢が描かれ、瓦質の火鉢を転用したものと考えられる。しかし確かにこの時期の瓦質の火鉢と考えられてきた出土品に小さな穴がいくつかあけられたものをみる（図80の⑤）。それは中央に大きな穴をあけたものではない。足の所に釘が通るくらいの細い穴なので従来は火鉢を台に固定するための穴かと考えていた。丸柱の台木上にのせて、三足らしいものが足の役割を果たしていないのも足の部分に水はけ穴があいているせいかもしれない。

以上のような絵画資料や中世の記録にわずかに認められるにすぎず、底部に一カ所以上の穴をあけた植木鉢の確実な出土例は知らないのである。『蔭涼軒日録』寛正四年（一四六三）に記された石菖鉢（鬼面足）に当たるとみられる三足付きの青磁盤は明前期の中国龍泉窯産のものが少なからず出土例もある（図80の⑥の様なもの、図28も同類）。この場合には水を張ったりもし、穴は必要はない。中国の「水仙盆」も穴がないし、套盆も穴は必要ないのである。前述の『法然上人絵伝』の蓮弁文鉢とみられるものもおそらく套盆で穴はないのではあるまいか。この鉢は絵からではあるが中国龍泉窯産の青磁のように思われる。しかし通常の草木の鉢栽培に

81　染付三足大香炉（底部穿孔）
肥前・有田窯　1700～40年代
徳島城下町跡出土
徳島市教育委員会保管

は水はけのための穴が底部に必要となる。底部に穴をあけた植木鉢が我が国ではいつ頃から多く出土するようになるかである。前述のように、一七世紀中葉～後半と考えられる鹿児島の堂平窯、一七世紀後半、寛文頃からの長吉谷窯、鹿児島の山元窯、沖縄の喜名焼などで植木鉢の例がある。しかしいずれも大型の植木鉢である。少なくとも一七世紀後半の肥前磁器に描かれた盆栽とみられる絵の花盆を思わせるものではない。

こうした植木鉢として製作されたものは少ないが、二次的に底部に穴をあけて植木鉢とした甕や大香炉は肥前陶磁器で多くみられる。特に肥前陶器すなわち唐津焼の甕（半胴甕とも）の例がしばしばみられる。形態が植木鉢に向いていたためであろう。磁器の例は徳島でまとまって出土している(注43)三足付き大香炉（図81）などのほかはみない。三足付き大香炉はやはり中国の絵画資料などからみても、植木鉢としてふさわしい器形であったから選んで購入し、転用したものと考えられる。

徳島の例はこの時代までの植木鉢の出土数が最も多い遺跡であり、特異といえるが、遺跡の性格は武家屋敷という。どういう主《あるじ》か興味深いところである。遺跡出土例は徳島の例を除けば福岡県久留米城下両替遺跡で二彩手唐津の陶器甕や鉢の底部に二次的に穴をあけて転用した植木鉢が数点報告されている。(注44)同様の肥前陶器鉢の転用植木鉢は熊本県熊本女子高校地点の調査でも出土しており、出土する遺跡の数はわずかであるし、今のところ、城下町に限られるようである。一八世紀前半まで陶磁器の植木鉢の出土例はほとんどみないのであるが、記録では元禄四年（一六九一）とみられる『柿右衛門文書』に甲府宰相徳川綱豊より注文の木瓜形と瓜形の青磁蘭鉢として各二個がみえる。綱豊は宝永元年（一七〇四）に将軍綱吉の養嗣子となって江戸城に入り家宣と改名、同六年に将軍となった。次に古い記録は同じく『柿右衛門文書』正徳二年（一七一二）四月に「御公儀様御用石台鉢」とある。この将軍は家宣（同年一〇月まで）であるからさらに将軍になった後も有田の

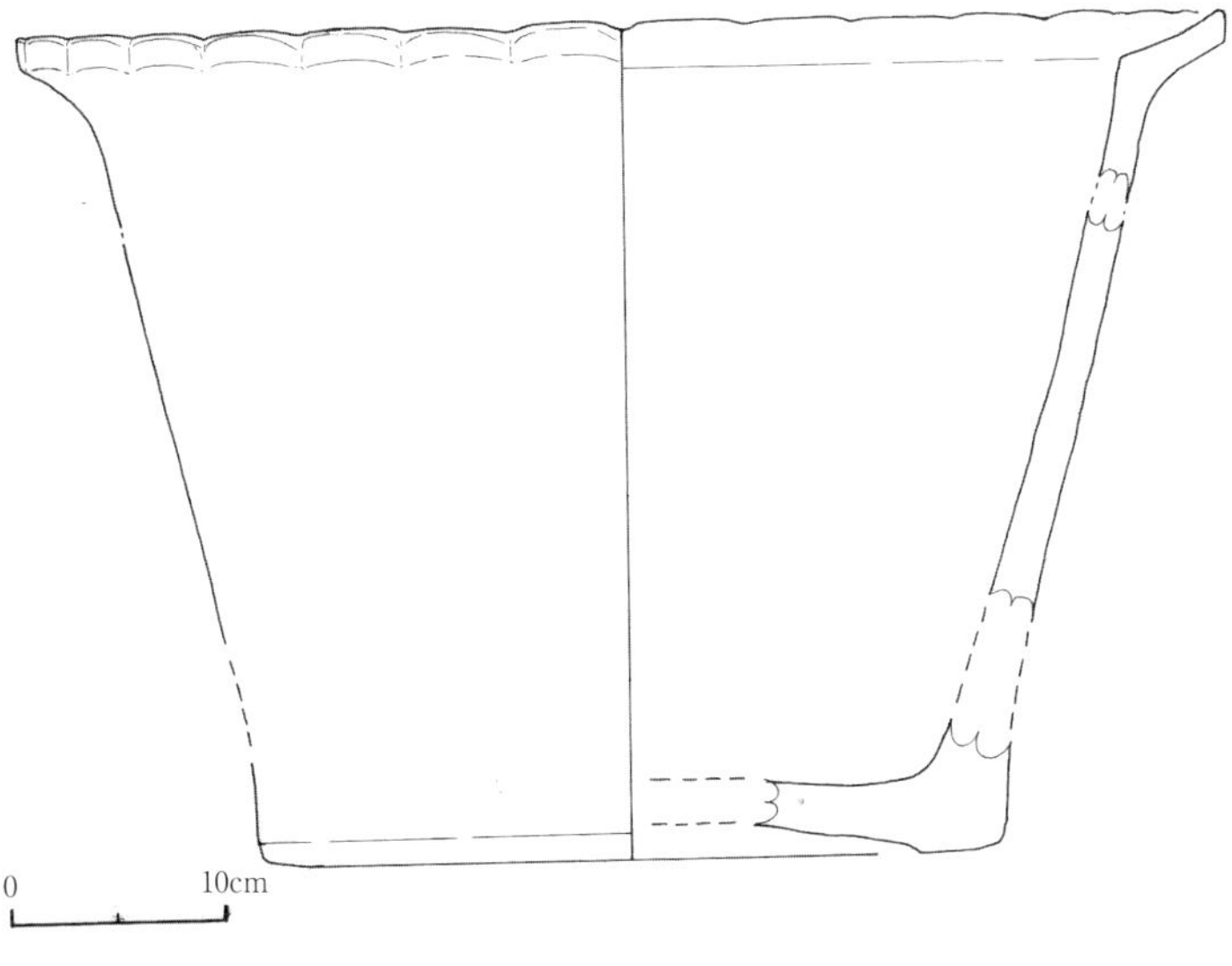

82　青磁蘭鉢図
肥前・大川内鍋島藩窯出土　1690～1740年代
伊万里市教育委員会保管

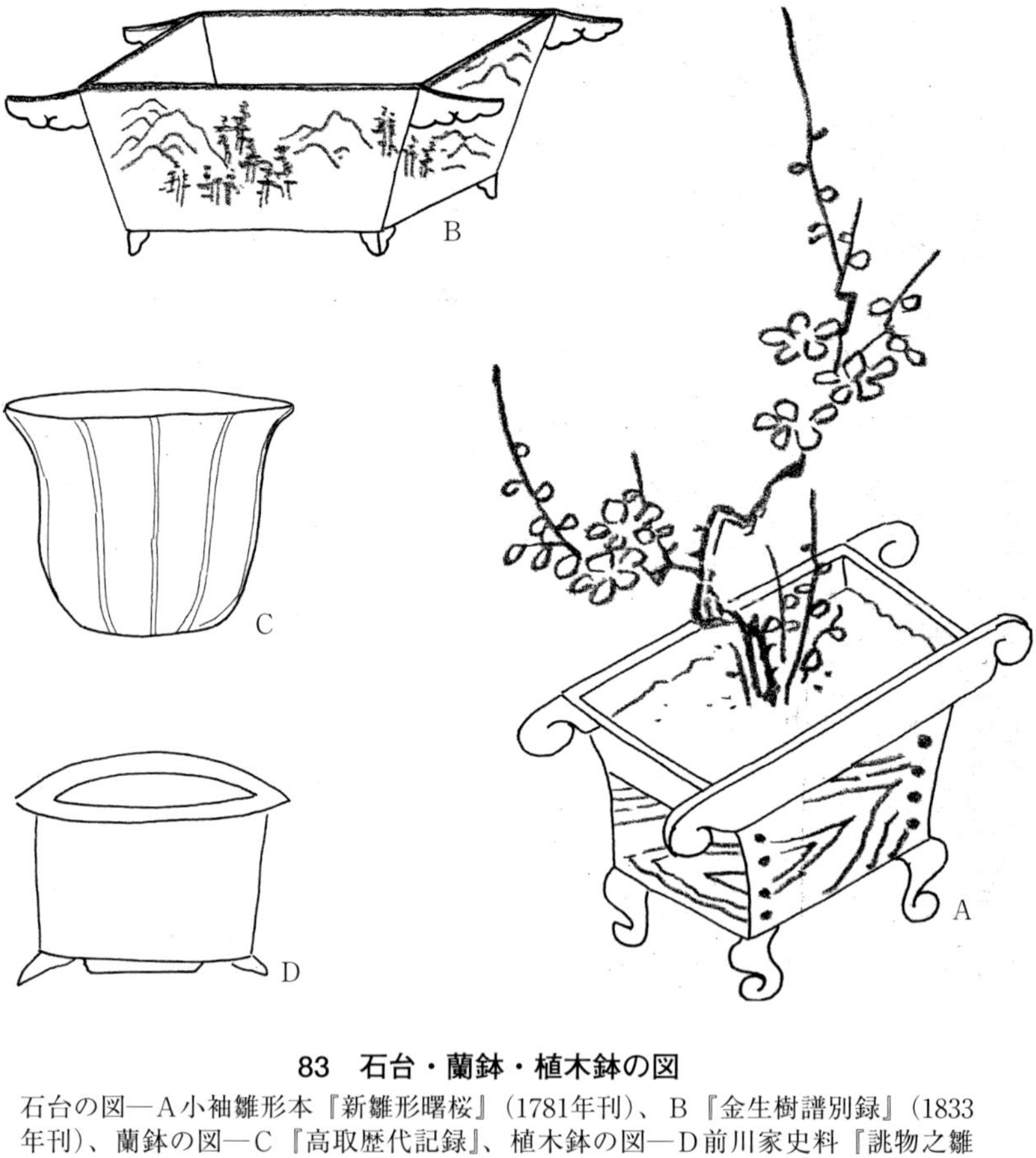

83　石台・蘭鉢・植木鉢の図

石台の図―A小袖雛形本『新雛形曙桜』(1781年刊)、B『金生樹譜別録』(1833年刊)、蘭鉢の図―C『高取歴代記録』、植木鉢の図―D前川家史料『詠物之雛形』(1772年) 各出典よりトレース。

柿右衛門家に対して注文したことがわかる。よって元禄頃に肥前磁器の植木鉢（専用品）を使おうとしたのは、こういう将軍クラスに限られたのかもしれない。『草木奇品家雅見』（一八二七年刊）に享保頃「尾張国瀬戸の陶工に命じて盆をつくらせ、これを「縁付《ふちつき》」と呼び、白鍔鉢と黒鍔鉢があったこと」からいよいよ陶磁器の植木鉢の需要が高まったことが推測できる。しかし江戸の遺跡などでも土器製底部穿孔の植木鉢が一八世紀後半に入ってみられるようになるという。[注45]まだ一般では陶磁器の専用植木鉢まで手が届かなかったのかもしれない。

前述の『柿右衛門文書』正徳二年（一七一二）の六代将軍家宣注文（史料②）にある「石台鉢」は記述内容からみると石台と鉢のことであろう。その内訳をみると、一つは「角白焼」「平四尺八分、取手共に横二尺二寸四分」とあり、平面角形で取手が付く、本来木で作られたものであろう。この石台《せきだい》とは『花壇地錦抄』に「石台植え」とあり、普通の鉢植えとは異なる。蘭を先ず「石台又は鉢に植える」ともある。『金生樹譜別録』（一八三三年刊）に載る石台の絵（図83のB）からすると、安永一〇年（一七八一）の小袖雛形本『新雛形曙桜』三七番「鉢の木」に描かれた木製とみられる取手付き、四足付きの鉢（図83のA）も石台。こうした取手付き、平面長方形の例は古く『春日権現霊験記絵』（一三〇九年）には藤原俊成邸の縁先に飾られた盆栽棚の上に大きな浅い箱が描かれ、取手が四隅について持ち運べるようになっている。中に玉砂利（砂とも）を敷き、石と松を置いて箱庭式盆栽としている。これが石台の祖形に近いものであろう。その石台を将軍家宣は白磁で注文した。一尺を三〇・三センチとすると、長さ四尺八分は約一二四センチの驚くほど大きな鉢である。幅二尺二寸四分（約六八センチ）、轆轤成形でないにしても本当にこのように大きな鉢ができたのであろうかと疑問を抱く。清朝の『乾隆皇帝撫琴図』に乾隆帝の前に描かれた角形花盆が人物と比較してかなり大きいとみられるが、[注46]

少なくとも伝世品でそのような大きなものは知らない。最近、鹿児島県堂平窯で一七世紀前半の四足付きの平面長方形の盆栽鉢と考えられる陶器が出土している。口径が五八・二センチ、高さ二一・七センチである（注47）。

正徳二年（一七一二）注文記録の第二は「青磁瓜成り」とある。これは元禄四年注文の蘭鉢にも「青磁瓜なり」二つとあり（史料①）、しかも「無地」とあったが、今度は「胴の廻り菊唐草の彫り上げ」とある。正徳二年分も蘭鉢と推測できる。より装飾を増したものとしており、寸法は長径三尺二寸四分（約九八センチ）とやはり大きい。これが轆轤成形によるものとするとこのような大きいものが出来たかどうか。大川内鍋島藩窯跡出土品の中に青磁蘭鉢と考えられるものがある（図82）。口縁部を輪花形に刻んだ鍔縁鉢であり、外底面に布目痕が見られるのは、後述の享保頃に作られ始める梅干献上用壺と同様の成形法である。この推定口径が五五センチである。蘭鉢の形状については明和三年（一七六六）老中松平康福（三河岡崎城主）より筑前高取焼に対して、一〇代将軍家治に蘭を献上するための鉢が注文された記録に挿図として図83ｃが描かれる（『高取歴代記録』）。

第三は「錦手太鼓」とあるから色絵の太鼓形の鉢であろう。口径は三尺三寸（約一〇〇センチ）とあり、これも大きい。これに関わるとみられる内容が記された史料③をみると、鉢の底に水抜き穴を一つあけることとある。

ちなみに家宣注文の白磁の大型石台は周囲に亀甲、亀や岩に浪の彫り上げ文様を施すとある。

このようにみてくると一七世紀後半の肥前磁器にしばしば描かれた角形足付の鉢は木製の鉢の可能性が高い。そして一八世紀後半に鉢植えが流行るのを背景として陶磁器の専用植木鉢が多く作られ始め、寛延二年（一七四九）筑前高取焼の黒田藩御用品に「植木鉢」（『高取歴代記録』）の名称がみえるのを早い例として、『柿右衛門文書』寛政九年（一七九七）十一代将軍家斉が「植木鉢」を注文（史料④）とあるように、「植木鉢」が記録に多くみられるようになることもこれを裏付けるのであろう。

江戸時代に草花の鉢植えを描いた史料は一八世紀にならないとみることはできない。これも草花の鉢植えの流行と関係がありそうである。江戸前期には造園が江戸などでさかんとなり、将軍秀忠・家光が好んだことも影響し、まず椿・牡丹・ツツジといった花木の栽培が流行り、花木に遅れて草花栽培が流行ったようである。草花栽培のトップは菊であり、中国の書で日本に最も影響を与えた一四五八年刊の『菊詩百篇』（徳善斎著）が一六三九年に重版され、これをもとに貞享三年（一六八六）に翻刻の『菊譜百詠図』が出版されたという。そして「正徳・享保の菊」と称される大流行があった。そうした当時のわが国の園芸の流行を反映したかのように、肥前磁器に描かれた鉢植え文様をみると、牡丹を第一とし、第二に菊を描いたものが多い。

史料①『柿右衛門文書』（『有田町史陶業編Ⅰ』）

甲府様御用蘭鉢
口差渡し弐尺余
一、青磁もつかうなり　弐ツ
右は千丹置上ケ
口差渡し右同断
一、同瓜なり　弐つ
右ハ無地

未三月（元禄四年か）

史料②『柿右衛門文書』（『有田町史陶業編Ⅰ』）

御公儀様御用石台鉢

一、角白焼　壱ツ

平四尺八分、取手共ニ横弐尺弐寸四分。

惣廻りニきつこう、ほり上ゲ、平ニ亀之ほり上ケ、尤、ゆえん形之内ニ横ゆえん形之内ニ、岩ニ浪之ほり

上ケ、右何茂大白也。

一、青磁瓜成り　壱ツ

胴之廻り菊唐草之ほり上ケ、

指渡し三尺弐寸四分

一、丹しき手太鼓　壱ツ

指渡し三尺三寸

正徳弐年

辰四月十一日、右者北島十郎右衛門殿御存也。

史料③『柿右衛門文書』（『有田町史陶業編Ⅰ』）

鉢之形指物　足付御本之通り

一、長さ内法三尺三寸
一、横内法弐尺五寸五分
一、縁之幅壱尺□分
一、高さ壱尺六寸五分
一、足の高さ弐寸　但くり足御本之通
一、四方取手附くり形御本之通、手之長サ七寸三分
一、模様惣地白ク、四方縁廻り取手足共ニ錦手、銚子模様御本之通染付、表ニ方ゆえん形之内鳳凰錦手染付、両脇ゆゑん形之内桐之枝折錦手染付
右何茂御本之通。但、錦手彩色入念金箔入
一、四所之鋲一ケ所ニ五つ宛附ケ。但、鋲之頭金箔置、大サ御本之通
一、鉢之底ニ水抜穴壱ツ明ケ可申候。

同　壱

□惣地縁足共ニ青磁御本之通、□縁廻り取手足共ニ青海波彫上、表ニ方ゆゑん形之内ニ丸龍彫上、両脇のゆゑん形之内ニ雲の模様彫上、右之丸龍両脇之雲惣廻リ之青海波共ニ不残青磁。
一、四所之鋲一ケ所ニ五ツ宛附、但、鋲之頭共に青磁大サ御本之通。

一、鉢之底ニ水抜穴壱ツ明ケ可申候。

一、同　　壱

一、鉢之形指物石台形足付御本之通、但、中形

一、長サ内法弐尺九寸

一、横内法弐尺三寸

一、縁之幅壱寸五分

一、高サ壱尺五寸八分

一、足の高サ壱寸八分、但、くり足御本之通

一、四方取手附くり形御本之通、但、手之長サ七寸

一、鉢之形指物石台形足付御本之通、但小形

一、長サ内法弐尺五寸

一、横内法弐尺

一、縁之幅壱寸弐分

一、高サ壱尺四寸壱分

一、足之高サ壱寸五分、但くり足御本之通

一、四方取手附、くり形御本之通、但手之長サ六寸七分

一、模様惣地縁足共ニ白手、御本之通リ。

四方縁廻リ取手足共ニ亀甲彫上、表ニ方ゆゑん形之内亀彫上、両脇ゆゑん形之内、岩ニ波彫上、右亀幷両脇之岩ニ波惣廻リ之亀甲共ニ不残白手。

一、四所之鋲一ケ所ニ五ツ宛附、但鋲之頭共ニ白手、大サ御本之通。

一、鉢之底ニ水抜穴壱ツ明ケ可申候。

一、同　　　　　　　　壱

一、鉢之形太鼓足付御本之通

一、大サ指渡内法三尺

一、縁之幅壱寸五分

一、高サ壱尺七寸三分、但、右之内上下皮掛リ之所壱寸八分宛御本之通

一、足之高サ壱寸六分、但、くり足御本之通

一、模様胴之内柿色木目彫上、御本之通、上下皮掛リ之所地白ク錦手牡丹唐草染付、但、錦手彩色入念金箔入、上下之鋲御本之通、惣廻リニ割合を附可申候。鋲之頭瑠璃色。大サ御本之通。太鼓上之縁幷足浅黄。

一、鉢之底ニ水抜穴壱ツ明ケ可申候。

一、同　　　　　　　　壱

一、鉢之形木香形足付御本之通

一、長サ内法三尺五寸四分
一、横内法弐尺七寸七分
一、縁之幅壱寸五分
一、高サ壱尺七寸弐分
一、足之高サ壱寸五分、但、くり足御本之通
一、模様四方縁廻り足共ニ惣地浅黄、花輪違之地紋花色染付御本之通、表二方花形之内、地白ク、模様唐松ニ麒麟岩ニ波あい志らい花色染付、南京手両脇花形之内、地白ク模様、唐松岩ニ波花色染付南京手
一、鉢之底ニ水抜穴壱ツ明ケ可申候。
〆数八ツ
右御木形御絵本之通入念出来次第海陸損不申候様大切ニ致し可被差越候。
一、右鉢之廻リ幷底之厚ミハ鉢之大サ格合ニ応じ丈夫ニ可致候。尤、鉢之内底共ニ薬能掛リ候様可致候。
一、右之鉢共出来之上、爰許江被差越候節、此方ゟ差遣候御木形御注文共ニ相添可被差越候。以上。
正月

史料④　泰國院様御年譜地取　寛政九年（『佐賀県近世史料』）
松平肥前守領分焼物御好ニ付、御植木鉢一ッ差上候様、家來呼寄可達事
但、御註文別紙并雛形之通ニ候段可達事
御用之御植木鉢一焼立之義、去年七月御雛形并御絵形を以被仰達候ニ付、早速國許申越候処、御註文之寸

法ニ而ハ御紙形ニ似寄不申候故、猶又奉伺候處、同九月御紙形恰好ニ焼立候様御差圖被　仰下候ニ付、早速
焼立申付候処、大物ニ而焼損多、隙取延引仕候段ハ寂(最)前申上置候、然処火合物ニ而何分ニも御寸法通ニ出來
兼、少〻寸法相違仕居候得共、漸焼立出來、此節到着仕候、右差上候義何之通相心得可申哉奉伺候、以上

十一月廿四日

御名内
志波四郎次

御附紙
書面之御植木鉢、月番之老中宅江使者を以差上候様、可及挨拶事

御植木鉢
右去年七月焼立被　仰付置候処、此節出來仕
候付、差上申候、以上

十一月廿七日

御名内
志波四郎次

覚

一御植木鉢御紙形一
一同御絵形一
一寸法書付
右之通リ返上仕候、以上

とあるように、寛政九年（一七九七）には、将軍家斉が佐賀領内の焼物を好み、植木鉢の製作を命じている。鍋島藩の江戸留守居が呼ばれ、将軍好みの植木鉢一個を焼くよう去年七月に雛形ならびに絵形をもって命じられた。早速佐賀に伝えたところ、注文の寸法では紙形に似たものにならないから、確かめたところ、紙形のように焼き立てるよう指示があり、早速、製作させたが、大物にて焼き損じが多く、時間がかかり遅延した。また焼く物なので寸法通りには出来かね、少々、寸法違いにはなったが、ようやく出来、この節到着した。一一月二七日に月番老中へ植木鉢を差上げ、その時、注文の時の植木鉢の紙形、絵形、寸法書付けも返上した。

3　将軍吉宗の勧奨で始まる梅干献上用の大壺

中世から梅干を饗膳に盛ることが行われたが、江戸時代になり徳川将軍家が朝廷からの勅使を饗応する際の式三献の初膳にも梅干が盛られた。この勅使饗応に必ず出された背景には室町時代から禁裏、つまり天皇に対しても梅漬け・梅干や梅の実が献上されて、食されたことがある。正月元旦には梅干で大福茶を飲んだ。『本朝食鑑』菓部に梅の実は豊後、肥前産が良いとされるように、肥前は梅の実の産地であった。よって佐賀藩は例年の月次献上物（史料⑤）に「六月　梅干　一壺（暑気御機嫌伺いのため国許より使者を以て献上つかまつり候）」とあり、梅干を壺に入れて将軍家献上に用いたものと思われる。これを裏付ける史料として鍋島藩の『明和御改正記録』（鍋島文庫）安永二年（一七七三）に「五月中　御進物方　一銀弐拾六匁五分　右者御献

84　染付宝尽文大壺
肥前・大川内鍋島藩窯　1720～40年代　口径17.2　高41.2　底径18.7
個人蔵

上梅干壺　江戸被差越候荷拵入具」とあり、前月の五月中に将軍家への献上の梅干壺が荷拵えされる準備が整えられたことがわかる。

ここで「梅干　一壺」とある「壺」に注目したい。有田の『皿山代官旧記覚書』に天明八年（一七八八）以前から文政一三年（一八三〇）頃までの記録にみられる、例年、江戸、京、大坂の諸役人向けの「秋野絵三升入壺」が梅干壺と考えられるのである。天明八年の記録に江戸、京、大坂の諸役人に「秋野絵三升入壺」を進物とすることが、すでに例年化していることが記されているから、一七八八年以前から行われていたと推測される。文化元年（一八〇四）の記録で「御進物用の秋絵の三升入壺」が「白蜜梅干壺」であることと、六五本を有田の稗古場山窯焼徳太夫に注文していることが明らかである。

鍋島藩が江戸・京・大坂の諸役人に進物とする梅干壺のことは、鍋島文庫（佐賀県立図書館蔵）中にある『御役人方定式御進物』に記載がある。この記録は江戸の大老、老中、側用人、若年寄を始めとする幕府要人、さらに京都の京都所司代などや、大坂の大坂奉行ほか諸役人に対する「定式御進物」が記録されている。この中に将軍家献上物の残りを進上するという形式であるための「御残」の品々が記載されているところに「梅干一壺」との記載が七月もしくは八月にみられるのである。

『御役人方定式御進物』の中には享保七年（一七二二）の「公儀御減少」のことが記され、大老の項には元禄一〇年（一六九七）に大老になった井伊掃部頭（直興）殿が記され、年代的に最も古く、それ以降の年代の要人の名が例示され、宝暦三年（一七五三）頃までである。赤字で明和二年（一七六五）寺社奉行になった久世出雲守までが記されているから享保七年前の一八世紀初頭の幕府要路への進物の考え方がまとめられたものであろう。いつ作成されたかは、「奏者番」の項にも、「一　御残　以前者（中略）、享保年中以来者（略）」とあるから享保七年の減少令以降に作成されたと推測できる。この方針が享保七年の減少令で削減を加えながらも少なくとも明和頃まで幕府関係諸方面への進物を遺漏なきよう行うための方針となった。享保七年の減少令で削減された部分があるが、梅干一壺は削減対象にはなっていない。

『吉茂公御年譜』（『佐賀県近世史料』）享保七年七月に「跡方御献上物ノ内、今度ヨリ相減候品、左ノ通」の記事は、将軍吉宗による倹約令である。佐賀藩がこの倹約令に対しどのように対応したかが記される。ここで削減されたものが記され、その結果として残り、例年献上が続けられたものが、『泰国院様御年譜地取』（『佐賀県近世史料』）明和七年（一七七〇）に記されている。それによると「六月　梅干　一壺　暑気為伺御機嫌、従国許以使者献上仕候」とある。享保七年減少令以前の月次献上の六月分には「御扇子三十本」も併せて献上されていたことがわかる。

このように、遅くとも、一八世紀初め頃から梅干一壺が将軍家に例年献上されていたことが知られるが、この頃の梅干壺はどのような壺であったのか明らかではない。陶器の壺が考えられるが、献上にふさわしい壺というものが抽出できないのである。肥前陶磁の中で献上にふさわしい壺と言えば、大川内山鍋島藩窯で一八世紀前半に現れる染付大壺がある。鍋島では基本的に壺は作られなかったが、この時期に高さ四三センチくらいの大壺が作られる（図84・85）。この寸法からすると容量は七升入り（一二・六リットル）と考えられる。後述するように贈遣用の梅干用壺のサイズは三升（五・四リットル）が多いが、五升もあり、他に七升もみられ、七升が最大のようである。大きい壺を作ることは技術的に難しいと想像でき、鍋島の場合、一定したサイズ、器形のものを作るためか底部に型を用いている（図85）。布目が残り、アーチ状の上げ底に作られている。こうした成形の壺は有田民窯ではみられない。鍋島の大壺は一八世紀前半からの作例がみられ、明らかな江戸後

85　染付梅樹文大壺

肥前・大川内鍋島藩窯　1710〜40年代　口径18.2　高43.4
佐賀県立九州陶磁文化館所蔵

86　染付松竹梅文大壺

肥前・大川内鍋島藩窯　1790～1820年代　胴径40.0　高67.0（蓋付）　底径20.3

期の例はみない。ちょうど『御役人方定式御進物』の頃の例が多い。しかし、鍋島の大壺は七升入りと大きく、天明八年（一七八八）以降の記録にある梅干壺が三升入りである点からすると、鍋島の七升入り大壺は製品としての品質の高さや、生産量が相対的にわずかである点からも将軍家と一部に対してだけの可能性がある。

将軍家例年献上品は「梅干一壺」とあるが、『御役人方定式御進物』をみると梅干の贈遣には二種類の表現があることに気づく。つまり、

大老、老中、側用人、若年寄、側衆、京都所司代、大坂城代は「梅干一壺」とあるのに対し、奏者番、寺社奉行、留守居、大目付、町奉行、勘定奉行、作事奉行、普請奉行、目付、百人番組頭、京都町奉行、大坂城番、大坂町奉行、大坂船奉行、長崎奉行、駿府町奉行、伏見奉行、相州浦賀奉行は「梅干一捲」と記され区別されている。

ちなみに奏者番と、奏者番に同じと記される寺社奉行、大目付は、享保七年の減少令以前は「梅干一壺」とある。贈遣の月も七月は「梅干一壺」、八月は「梅干一捲」が基本であることからすると、奏者番は「梅干一壺」が正しいのかもしれない。「捲」は曲物のことであり、陶磁器の壺と違う曲物に入れて贈遣されたものと推測される。

京都金閣寺の住持鳳林承章の日記『隔蓂記』寛永二〇年（一六四三）正月朔日の条に、北野天満宮の能迂が御札と梅干の曲物一つを年玉として恵んでくれたとある。他にも鳳林承章は梅干の曲物をもらっており、当時、上流層の間での梅干の進物に曲物を用いるのがふつうであったとしたら、一八世紀前半頃、鍋島藩が幕府要路への梅干の贈遣に曲物を用いたとして不思議ではない。将軍家や老中などの中枢に対しては陶磁器の壺を用いたのに対し、重要性の度合いの低い諸役の人へは曲物に入れて梅干を贈遣したのであろう。

87　染付唐草文大壺
肥前・有田窯　1820〜60年代　高41.0
山崎記念中野区立歴史民俗資料館所蔵

88　染付秋草文壺
肥前・有田窯　1770～90年代　口径12.2　身高23.9　底径9.0
東京都文京区春日一丁目出土
文京区教育委員会所蔵

89　染付秋草文壺

肥前・有田窯　1800～30年代　口径13.5　身高27.0　総高34.4　底径11.1
個人蔵

ところで、将軍家と大老から大坂城代までの幕閣であるが役職を置かないこともあり、一七個程度（一五〇頁の表参照）となるであろう陶磁器の壺が一八世紀に現れる鍋島焼の染付大壺となると、何かきっかけがあるのであろうか。

重要な記録として、有岡利幸『梅干』二〇〇一年に引用されている徳川吉宗が著した『紀州政事鏡』（和歌山県立図書館蔵）がある。『紀州政事鏡』は八代将軍吉宗が紀州藩主であった正徳四年（一七一四）に著したものという。それには、

一　軍用ニ梅干二斗ツツ毎年申付囲置可申候、万一乱世等之節、出陣之切一人ニ付一粒ツツ為持可申候、咽の乾を止むる事妙なり、火事場尚以宜敷なり、数年ニ成候ハハ、古キハ給候て新キを取替置可然なり、必以無失念様に向ニヘ申付為拵置可申候

軍用つまり戦いが始まったときの備えに、梅干を毎年二斗（三六リットル）を蓄えておくように。万が一、乱世となり、出陣しなければならなくなれば、梅干を一人に一粒ずつ持たせること。のどの渇きを止めることに効果がある。火事場で用いることはなおさらよい。数年たてば、古い分は下げ渡し、新しいものに取り替えておくこと。必ず忘れないように申し付け準備しておくことを命じておくようにという。

吉宗が八代将軍に就いても、この考えのもとに献上品の中で梅干を重視した可能性は十分考えられる。佐賀藩の『鍋島直正公伝』安政四年（一八五七）に、従来の「月次献上」について記した中で、「暑中には梅干（亦軍用なり）」とあることも、吉宗のこうした軍用に梅干を大量に備えておくという考え方が根底にあったからではなかろうか。ちなみにこの安政四年に長崎における外国防備による経費増大から財政逼迫を訴えた佐賀藩に対して幕府は「月次献上物」を五カ年間免除したのである。つまり、この安政四年まで将軍家例年献上が続

き、「梅干一壺」が毎年献上されていたことがわかる。

吉宗の時に例年献上が倹約令で減少する一方、こうした吉宗の考えで軍用のための梅干の献上は重視された可能性がある。とすると、七升入りもの大壺が鍋島焼で作られ始め、献上が始まったと仮定して、鍋島焼大壺の窯跡出土資料や伝世例を考え合わせて技術的、年代的に矛盾はない。つまり、蓋の甲盛りの特徴などから、一八世紀前半以降のものであることは明らかである。この中でも古式であるのは宝尽くし文壺（図84）や梅樹文壺（図85）などであるが、松竹梅文壺（図86）は相対的に新しいと考えられる。

将軍家に梅干を献上していたのは佐賀藩だけではなく、肥前と共によい梅の実の産地として『本朝食鑑』に出てくる豊後でも、大分県の杵築藩が「時献上品」として「十月砂糖漬け梅」（『武鑑』、中島浩氣『肥前陶磁史考』一九三六より）とある。その献上梅干壺を杵築松平家から頼まれ、佐賀藩で文化九年（一八三六）から作り納め始めた。

また『泰国院様御年譜地取』寛政八年（一七九六）八月の項に、薩摩藩が「例年暑中御献上之内砂糖漬」を陶器の壺に入れて献上していた。以前はそれに肥前焼を用いたが、近年は薩摩の焼物でできるので、国焼を用いたとある。六年前くらいにも寸法が不揃いなので注意したとある。

砂糖漬とは『合類日用料理秘伝抄』巻三漬物之類に、梅干砂糖漬があり、梅干を壺に入れ、作り置いた砂糖酒をかけ梅干に砂糖がなじんできたらすぐに食べるという。

このように江戸後期に豊後梅の産地である杵築藩や薩摩藩からも砂糖漬梅が献上された。

梅干は、禁裏（天皇）へも一五世紀から幕末まで献上が続いていた（『御湯殿の上の日記』）し、中世から正式膳にのる食物であり、江戸時代にさかんに食べられるようになるうどんの薬味、重要な調味料である煎酒の材料など様々な食し方が出てくる。

このような中、天明八年（一七八八）以前の近い時点から三升入り梅干壺が江戸、京、大坂の諸役人への進物用に有田で作られ始めるのである。

前述の『明和御改正記録』安永二年（一七七三）に、「五月中　御進物方　銀二六匁五分　右者御献上梅干壺　江戸に送る荷拵立用」とあるが、これは「御献上」とあり、「江戸に送る」とあるから将軍家献上の梅干壺すなわち、鍋島焼の七升入り大壺に要する荷拵え費用であろう。『明和御改正記録』や『御役人方定式御進物』の追記が明和二年（一七六五）寺社奉行になった久世出雲守までであることなどを考え合わせると、明和頃に献上・贈遣の内容に改正の手が入ったと推測される。田沼意次が明和四年（一七六七）側用人、安永元年（一七七二）老中となり、本格的な田沼時代に入ったことと関係があるのかもしれない。

この頃の献上、贈遣に関わる大事件といえば、何といっても安永三年（一七七四）、新たな将軍家お好みの陶器一二通りの焼き立て献上を命じられたことである。田沼意次が権勢を握っていた時代であり、意次の姻戚の水野出羽守忠友がこの献上鍋島焼への注文を実際取り仕切った。前述のように忠友は祖父の妻が二代藩主鍋島光茂の娘という鍋島家にとっては頼りになる親類でもあった。以後は献上五品の中にお好みの一二通りの中から二、三品を含めよと命じ、かつこの際に、以後の献上の陶器の内容について細々指示をした。

この田沼意次が天明六年（一七八六）八月失脚する。このような記録と秋野絵梅干壺に推定される伝世例から考えると、安永三年頃に幕府からの注文で諸役人への梅干贈遣に有田焼の壺を用い始めたことが想定される。実際の製品など他の視点も加えて検討する必要がある。

有田の『皿山代官旧記覚書』天明八年（一七八八）に、江戸、京、大坂へ差し上される「秋野絵三升入り壺」

のことが記されるが、これは江戸・京都・大坂の諸役人へ有田産の染付秋野絵の壺を進物として贈るのが例年化しているのである。この記録に「以前は二月焼立て被仰付来候」とあり、一七八八年以前より、この壺の焼き立てを行っていたことが記される。

次いで、同文化元年（一八〇四）に、江戸、京、大坂御進物御用白蜜梅干入り秋絵三升入りのことが記される。続いて「壺数六十五ツ出来立候内に而、徳太夫より仕分書差出候」とあるように、ここで稗古場山の釜焼（窯焼）徳太夫が注文を受けて製作したことが記される。焼いて納めた壺の数は手続上六二本であったが、進物方は三個増やして六五本の壺を「撰物」し大坂に送ったとある。

この窯焼徳太夫は、同文化三年（一八〇六）に「（略）稗古場登り（略）徳太夫儀殊に右登り心遣庄屋役をも乍相勤」であった。

同文化五年（一八〇八）に「江戸―大坂御進物御用秋絵三升入り壺六拾五本焼立相納」、同文化七年（一八一〇）に「稗古場山焼物師徳太夫へ、例年の通り、秋絵三升入壺六拾ツ、焼立仰付候」とある。

同、文化一一年（一八一四）に、「皿山焼物師徳太夫（略）去戌年焼立被仰付候秋ノ絵壺六拾五本」とあり、「江戸其外へ御仕送に相成候秋ノ絵三升入壺六拾五本」ともある。

同、文政一三年（一八三〇）に、「有田皿山罷在候焼物師徳太夫（略）例年江戸大坂御仕送り相成り候秋絵壺七拾壱本」とある。

以上から、例年江戸、京、大坂の諸役人への進物として白蜜梅干入秋野絵三升入り壺六五個ほどを有田に作らせ、伊万里港から大坂に送った。この三升入り梅干壺、六五個という数の多さからすると、『御役人方定式御進物』にみた、奏者番、寺社奉行、留守居、大目付、町奉行、勘定奉行、作事奉行、普請奉行、目付、百人番組頭、京都町奉行、大坂城番、大坂町奉行、大坂船奉行、長崎奉行、駿府町奉行、伏見奉行、相州浦賀奉行の八月の「梅干一捲」に当たる贈遣分が数量的にも、また江戸、京、大坂の諸役人という点からも該当すると推測できる。このことは文政一三年(一八三〇)に有田の焼物師徳太夫に「七升入り唐草壺二十本御注文相成り」とあり、「且つ又、例年江戸大坂へ御仕送り相成り候秋絵壺七十一本」とあるから、一八三〇年には例年の秋野絵三升入り梅干壺とは別に七升入りの唐草文壺が二〇本注文されたことがわかる。

七升入りの大壺といえば、鍋島焼の壺のサイズであり、前述のように、鍋島焼大壺は例年の梅干献上のうち、将軍家と大老以下老中・側用人・若年寄・側衆・京都所司代・大坂城代が対象だが、役職を置かないこともあり、およそ一七人位に対して用いられたと推測した。文政一三年の記録は例年有田で作ってきた秋野絵三升入り梅干壺とは別に七升入りの壺二〇本注文されたのであり、数量的にも将軍家と大老以下の人数とほぼ一致する。とすると文政一三年の記録には「秋絵壺七十一本」と増えているが、それまで六〇~六五本くらい注文されてきた三升入り壺は、寸法からいっても七升入り大壺より格下の奏者番以下三九人以上の諸役人への梅干贈遣に使う壺として、多めに注文製作していたものと考えられる。そうだとしても文政一三年になってそれまで大川内鍋島藩窯で作られてきた七升入りの壺まで有田に注文されることになった理由は定かではない。藩窯の技術の低下など技術的な問題であろうか。文様・年代・寸法など、ちょうどこの記録に該当する可能性が高い唐草文壺の伝世品がある(図87)。

三升入りの秋野絵壺の方は、六五個というのは余裕をもった数字のようであり、六〇個、六二個を納めるともあり、文化元年(一八〇四)の『皿山代官旧記覚書』によれば「壺数六拾五ツ出来立候由ニ而、徳太夫〻仕分書差出候、然御進物方懸合ニハ三ツ太リ候ニ付」とあり、佐賀藩の進物方が三個増やしている。輸送中の破損なども考慮して多めに送ったものと考えられるが、実際必要な数が三九個以上のどのくらいなのかは明らかではない。

このように例年の幕府要路への贈遣の一つ、梅干を入れる壺として一七七〇〜八〇年代頃から有田に対し秋野絵三升入り壺が注文された記録は知られていたが、では実際それがどのようなものかは従来不明であった。『皿山代官旧記覚書』文化元年（一八〇四）の記録に「江戸御役人方へ被進候白蜜梅干入壺蓋計弐拾弐ツ焼立」とあるから蓋が付く壺であること、文化五年（一八〇八）に「御用秋之絵染付三升入壺六拾五ツ」とあることから三升入り、秋野絵が描かれた染付であることがわかる。注文を受けたのは有田・稗古場山の窯焼徳太夫である。その数は天明八年が不明、文化元年と文化五年は三升入白蜜梅干壺六五本、文化七年は三升入壺六〇本、文化一一年には六五本、文政一三年は七一本である。ほかの年については記録にないが、恐らく毎年これに近い数が贈られていたのではなかろうか。以上のことが記録からわかる。窯跡資料でも確認できなかったが、筆者は伝世品の中から年代的なことも考慮すると、後述の染付秋草文壺ではないかとひそかに考えてきた。近年、東京都文京区春日一丁目出土の壺（図88）を実見し、器形・文様・成形などの特徴、寸法等からこの記録に該当するものであり、古式と確信をもった。さらに今春、続く年代とみられる壺を実見した（図89）。

従来、刊行物中に掲載された壺[注49]はこれより新しく、文様・器形等にも少しずつ違いがあるので繰り返し作られたことが明らかである。

これら佐賀藩が、幕府諸役人に例年贈遣した梅干壺は、天明八年以前には二月に焼き立ての注文が出された。昨年は数が多いので急にはできない。その上、値段のことも焼物師より言って交渉が長引いていることが記録から読みとれる。佐賀藩進物方が有田に注文をだし、焼き上がると皿山代官所役人が立ち会い見分し傷の有無などをチェックして選定する。製品は伊万里津から船で大坂へ積み上せる。

佐賀藩は月次献上の中で将軍家献上や幕府要人への梅干贈遣を早くから行ってきた。この中で将軍家や幕閣中枢への梅干献上には陶磁器の壺を用いたが、一八世紀前半の中で鍋島焼の七升入り染付大壺が製作され使われ始めたらしい。

さらに一八世紀後半の中でそれまで曲物で梅干を贈遣してきた他の幕府要人に対しても有田磁器を用い始めたことが明らかになった。

このように将軍家に献上する梅干壺は将軍家と幕閣中枢に対してのものは大川内山鍋島藩窯で作らせたが、他の幕府要人向け贈遣用の梅干壺は有田民窯に作らせるなど、重要性の度合いによって製作場所を決めたことがわかる。

史料⑤『重茂公御年譜』宝暦一〇年（一七六〇）一二月六日の項（『佐賀県近世史料』（読下し文『有田町史陶業編Ⅰ』より）

月次献上物
正月
花毛氈　十枚
二月
白蜜　一壺
三月

薏苡仁　一箱
（「ヨクイニン」草の名。食用・薬用とする）
　在国年の三月ばかり献上つかまつり候。御暇にて下国年は旅中について献上つかまつらず候。
四月
氷砂糖　一箱
塩梅茸　一桶
　在国中の四月ばかり献上つかまつり候。御暇にて下国年は帰国の御礼物差し上げ候について月次献上つかまつらず候。
六月
梅干　一壺
　暑気御機嫌伺いのため国許より使者を以て献上つかまつり候。
七月
水母　一桶
十月
串貝　一箱
（略）
十一月
陶器　五箱

鉢二・大皿二十・皿二十・小皿二十・茶碗・猪口・皿、この内より二十

十二月

御土器

寒気御機嫌伺いの為め献上つかまつり候。但し、在国年は国元より使者を以て差し上げ候。

右献上物の儀、先格の通り差し上げ申すべきや伺い奉り候。

注

1 大橋康二「多久領の窯業」『多久市史第二巻　近世編』多久市、二〇〇二
2 多久市教育委員会『多久高麗谷窯跡』二〇〇五
3 高埜利彦『江戸幕府と朝廷』山川出版社、二〇〇一
4 注3と同じ。
5 八丈町教育委員会・海洋信仰考古学研究会『鳥打遺跡・宇津木遺跡調査報告書』一九九四
6 藤野保編『佐賀藩の総合研究』吉川弘文館、一九八一
7 注6に同じ。
8 注6に同じ。
9 篠田達明『徳川将軍家十五代のカルテ』新潮社、二〇〇五
10 山本博文『遊びをする将軍 踊る大名』教育出版、二〇〇二
11 注6に同じ。
12 注6に同じ。
13 佐久間重男『景徳鎮窯業史研究』第一書房、一九九九
14 森正夫「万暦帝治下の内憂外患」朝日百科世界の歴史71、一九九〇
15 小山正明『東アジアの変貌』ビジュアル版世界の歴史11、講談社、一九八五
16 注14や桜井由躬雄「南シナ海貿易の活況」朝日百科世界の歴史71、一九九〇

17　小倉貞男『朱印船時代の日本人』中公新書、一九八九
18　佐賀県立九州陶磁文化館『トプカプ宮殿の名品』一九九五の図24。
19　注10に同じ。
20　荒川正明「大皿の時代」出光美術館研究紀要第二号、一九九六
21　泉澄一『釜山窯の史的研究』関西大学出版部、一九八六
22　大園隆二郎「多久家文書にみる高原市左衛門尉」『多久古文書村村だより』No10、一九八九
23　大橋康二・藤口悦子「鍋島家伝来の色絵磁器について」『東洋陶磁29号』東洋陶磁学会、二〇〇〇
24　石川県立美術館・佐賀県立九州陶磁文化館『伊万里・古九谷名品展』一九八七の図一三八―⑦、報文は東京大学遺跡調査室『東京大学本郷構内の遺跡　医学部附属病院地点』一九九〇
25　大橋康二「海外輸出時代」『有田町史古窯編』佐賀県有田町、一九八八
26　Koji Ohashi "JIKI" Museo Internazionale delle Ceramiche in Faenza, 2004
27　山脇悌二郎「貿易篇―唐・蘭船の伊万里焼輸出―」『有田町史商業編一』佐賀県有田町、一九八八
28　注27に同じ。
29　前山博「史料による大川内山の研究」『鍋島藩窯とその周辺』伊万里市郷土研究会、一九八四
30　深谷克己『大系日本の歴史9』小学館、一九九三
31　竹内誠『大系日本の歴史10』小学館、一九九三
32　前山博『鍋島藩御用陶器の献上・贈与について』一九九二
33　注21に同じ。

34　大橋康二「鍋島藩窯跡出土品にみる初期の鍋島」『鍋島―藩窯から現代まで―』神奈川県立博物館、一九八七
35　今泉元佑『陶磁大系21鍋島』平凡社、一九七二のカラー図版12
36　東京都埋蔵文化財センター『宇和島藩伊達家屋敷跡遺跡』二〇〇三
37　小学館『世界陶磁全集13』一九八一の図296
38　鹿児島県立埋蔵文化財センター『堂平窯跡』二〇〇六
39　農山漁村文化協会『日本農書全集五五　園芸二』一九九九
40　平凡社『陶磁大系44』一九七二の挿図17
41　丸島秀夫・胡運驊編『中国盆景の世界』農文協、二〇〇〇
42　渋澤敬三編著『絵巻物による日本常民生活絵引5』角川書店、一九六八
43　徳島市教育委員会『徳島市埋蔵文化財発掘調査の概要13』二〇〇三
44　久留米市教育委員会『両替町遺跡』一九九六
45　小林謙一『シンポジウム江戸出土陶磁器・土器の諸問題Ⅰ発表要旨』江戸陶磁器土器研究グループ、一九九二
46　注41に同じ。
47　注38に同じ。
48　椑古場山窯焼徳太夫については「龍泉寺過去帳」文化七年に「岩谷河内山徳太夫」とあり、居住地は岩谷川内の可能性もある。
49　永竹威『図説九州古陶磁』一九六三、山下朔郎『盛期の伊万里』一九七四、『三好記念館蔵品図録』一九八二

おわりに

江戸時代の陶磁器を研究し始めて二七年になる。元は中国の陶磁器や国産の中世陶磁器を勉強していたが、その時分はあまりにも多彩で完成度が高く、とても手に負えないと思っていた近世陶磁器が、手の届くものになってきた。生産地と消費地両方の遺跡出土品を、毎年、数十万から百万の単位の数を見続けてきた結果である。その究極の部分がなんといっても「鍋島」であり「柿右衛門」なのであろうと思う。周りから攻めていってようやく本丸にたどり着いた感じである。もちろん、枝葉でわからないことはまだ山ほど残っている。少なくとも骨組みがわかったことは、それぞれの陶磁器を歴史の中に容易に組み込みやすくなったし、逆に歴史の証拠として、一層活用しやすくなったといえる。「陶磁器学」が「歴史学」の一分野として、より明確に認知されることを願ってやまない。

大橋　康二（おおはし　こうじ）

略歴
1948年（昭和23）神奈川県横浜市に生まれる。
1971年 学習院大学経済学部卒
1980年 青山学院大学大学院文学研究科史学専攻博士課程中退
現在　佐賀県立九州陶磁文化館館長
NPO法人アジア文化財協力協会理事長、東洋陶磁学会常任委員
専門　中・近世の陶磁器
主著　『肥前陶磁－考古学ライブラリー55』1989年、ニュー・サイエンス社
『古伊万里の文様』1994年、理工学社
『窯別ガイド・日本のやきもの　有田伊万里』2002年、淡交社
『窯別ガイド・日本のやきもの　唐津』2003年、淡交社
『世界をリードした磁器窯・肥前窯』2004年、新泉社
『海を渡った陶磁器』2004年、吉川弘文館

平成19年9月15日初版発行　《検印省略》

将軍《しょうぐん》と鍋島《なべしま》・柿右衛門《かきえもん》

著者　大橋康二
発行者　宮田哲男
発行所　㈱雄山閣
〒102-0071　東京都千代田区富士見2-6-9
TEL　03-3262-3231㈹　FAX 03-3262-6938
振替：00130-5-1685
http://www.yuzankaku.co.jp
組版　創生社
印刷　三美印刷
製本　協栄製本

Printed in Japan 2007
ISBN978-4-639-01992-3　C1021